機能セル設計

"魅力あるモノ"の開発設計を10倍効率化

梓澤 舜 [著]

日刊工業新聞社

まえがき

　かつて日本の"モノ創り（製品開発）"は、新進企業（現在のベンチャー企業）や若い技術者が情熱を傾け、トランジスタラジオや携帯音楽プレーヤー等の若者を魅了する新製品を開発した。これらの製品は日本の強み技術であるアナログ性「音質・画質など調整ノウハウや生産ノウハウ」を活かした個性を創造することで、世界中の若者を魅了した。

　しかし、企業の大企業化や生活が豊かになると共に、新製品開発への情熱とスピードが影を潜め、かつての「個性あるモノ創り力」は失われていった。さらに製品がデジタル化していくと、情報家電等でリードする米国企業の後塵を拝し、中国・韓国などの企業には「日本の製品開発は遅いから…」と屈辱的な陰口を云われるまでになってしまった。「製品開発力である"モノ創り力"」が落ちて、かつての日本企業の強みと良さが無くなってしまったのだ。

　日本の製品開発が海外企業に後れをとった原因は二つの問題に分類できる。第一は日本の企業が大企業化し、歳をとり、製品開発への情熱・自由度・決断速度が不足し、市場環境（デジタル・コモディティ化等）の変化に順応できなくなっている問題。第二は「いかに市場が魅力を感じる製品を速く開発するか」、「いかに品質・コストを満たすモノづくりをするか」のKeyである"設計情報をつくる設計手法"に関する問題である。

　第一の問題は生活が豊かになったこと及び企業が大企業に成長したことにより、「モノ創り・モノづくり*」の本質と「"人々の生活を豊かにする"新製品開発に対する理念と情熱」を疎かにしたことに原因がある。加えて、大企業の短期的経営方針により新製品・新技術開発への投資が減少し、若い設計者の新製品開発のチャンスや開発の自由度（開発内容や工程などの管理強化）が減り、自由な発想や個性的な発想を持つ開発設計者が育たなくなり、個性を持つ新製品開発力（モノ創り力）が低下し、世界の製品開発スピードに遅れてしまったのだ。

　これを解決するには、先人たちがどのようにして、「人々を満足させるモノ」、「生活を豊かにするモノ」を次々と考え、創り出してきたのかを考えることだ。先人たちがヒット商品を生みだしてきた原動力は、自身が愛する人達の「苦労しているコト」を解決して楽にしてあげたい、「欲しがっているコト」を実現してあげたい、という動機だった。

　かつて世界を魅了する製品を創ってきた先人たちは、このような強い想い

（理念）を製品開発の情熱として、使える新技術を広く吸収することに加え、不足する技術の新開発を貪欲に進め、世界に先駆けたモノ創りを行ってきた。したがって、「日本のモノ創り力」を復活させる為には、若い人に製品開発の自由度とチャンスを与え、強い想いと情熱を復活させることが必要なのである。

　もう1点、これが本書のテーマになるが、「市場を魅了する製品をいかに速く開発するか」「いかに品質・コストを満たすモノづくりをするか」ということである。つまり、これらを決める設計方法の改革である。特に"製品開発の速度を速める"開発設計方法の改革が今こそ必要なのである。

　著者は製品開発に従事するうち、新製品開発でも90%以上の機能が既存製品と同じであるのに、設計財産化されている「ものづくり図面」が、既存製品の"仕様＝全機能"を具現化した図面であること、及び日進月歩で向上する性能が更新されず陳腐化している部品が含まれていること、この2つによりそのまま利用できなかった。その為、既存製品の利用できる機能部分を抽出し転記する設計をした。言い換えると、設計作業の90%は既存製品の製品開発で行ったことを繰り返すことになっていた。つまり、新機能の創造に寄与しない退屈

注＊　本書では、
① "もの"と"モノ"という言葉を使っているが、"もの"は例えば家電製品のような有形物を表し、"モノ"は、この有形物に、ソフトウェア・サービスなど無形物を含めたモノを表す。
　ちなみに"物"は寿命ある物、形ある物、有形物・無形物、固有物、成果物、生物等一般的言葉として使う。
② "創り"と"つくり"という言葉を使っているが、"創る"は、新しいモノ（有形・無形）を開発創造する行為を表し、"つくり"は、製品に具現化する製造の為の製作設計と現場でこれを製作する行為を表している。上記以外の一般的な"作る"という行為に関しては、"作る"という言葉を使う。
　よって、"モノ創り"とは、新製品（有形・無形含め）の開発創造のことであり、"モノ創り力"とは、新製品の開発設計力のことである。
　そして、"モノづくり"とは、モノの設計製造であり、新しいモノ創りに対応した設計製造のことと定義する。
　さらに、"ものづくり"とは、製品（有形物）を製造する従来のものづくりのことを指している。

な転記に近い設計作業に、長い設計時間を費やしていたのだ。そこでこの90％以上の機能が同じである既存製品の設計情報を再利用できる方法はないかと検討・模索した。

　そんな中で、以前学んだ「40億年と永続的に進化してきた生態系のしくみ"進化する機能細胞で構成した生物は永続的に進化してきた"」ということを思い出し、このしくみをモノ創りに展開できないかを検討した。

　その結果、「寿命の無い機能である"機能細胞（機能セル）"を用いて設計する」、及び「設計情報となる図面も機能セル単位で構成する」という新しいモノ創りに行きついた。

　"寿命の無い機能セル"及び"機能単位"で創り出される「設計情報」のモノづくり図面は、新製品に必要な機能の設計情報を自由に選択でき、部品の陳腐化の心配も無くなり、設計財産として再利用可能となる。

　この設計方法は私が勤務していた工場の開発プロジェクトで実践し、開発設計期間の大幅な短縮という成果をあげた。

　本書ではこの改革した開発設計方法「機能セルで設計する新しいモノ創り」、すなわち、日本のモノ創りの第二の問題である「開発設計手法の改革」に焦点を絞って述べる。この新しいモノ創り設計方法が、日本のモノ創り力復活の一助になることを願っている。

2018年9月

梓澤　昇

推薦の辞

三菱重工業株式会社　取締役社長　宮永俊一

　このたび友人である梓澤昇さんが、半世紀にわたる技術者としての経験と知識に基づき、これからの製造業を支える日本の若い設計者の為に、製品開発と設計に関する考えや思いをまとめて出版されるとのことで、同氏のモノづくりへの変わらぬ情熱に深く感銘を受けている人間として、門外漢であることを顧みずに推薦文を書く次第です。

　梓澤さんとのご縁は、2000年代初めに三菱重工が日立製作所と設立した製鉄機械の合弁会社で小生が社長として事業の再建に励んでいた時にはじまり、日立製作所指名の社外取締役として事業の再生と成長を様々な面から支えていただきました。

　また、同氏が事業所長をされていた大みか工場を見学し、当時進化の著しかった製鉄機械のドライブ制御における各種機器の設計から工場生産工程にいたる改善に関してきわめてクリアで創造的な説明を受けたことを懐かしく思い出します。その後2006年に小生が合弁会社を離れてから現在にいたるまで、個人的に親しくお付き合いを続けています。

　本書は「製品開発設計における問題提起」にはじまり、生態系とその進化に着目した考え方である「寿命ある物での設計から（普遍性のある）機能セルでの設計への転換」に進み、「その具体的な体系や展開方法」を斬新な切り口で説明しています。また、著者の考え方の実行にはしっかりとした体系化と初期設定からその維持・継承を根気よく行う人々とチームワークが必要であり、日本の製造業に適した差別化手法でもあると考えます。

　今、私たちは、デジタライゼーションやAIからAM（Additive Manufacturing）まで、科学技術の驚くべき進化の時代に暮らしていますが、その一方で氾濫する情報や便利で比較的安価な検索・解析ソフトなどに疎外され、主体的で長期的な視点に立った行動がとれなくなっている面も多いと思います。そのような時代にこそ、本質的に競争力のある技術体系やプロセス及びそれらの共有と伝承などが大切になり、設計分野においては著者が標榜する「生態系のしくみ」

に着想した「アナログ的な設計」という考え方が役立つのではないでしょうか。

　また、「デジタル」に押され気味の「アナログ」という言葉は「類似性≒同質性の認識」と解することで、本書にある「変化・変異への対応の柔軟性」や「普遍的な体系化」に繋がっていくように感じます。

　最後になりますが、この書が「日本のモノづくり再生」を支えていく21世紀の若き設計者への20世紀からの贈り物になることを期待しています。

2018年8月16日

製品開発を10倍加速する方法
「機能Cellで設計する新しいモノ創り」

目次

まえがき ……………………………………………………………………………… 1
推薦の辞 ……………………………………………………………………………… 4

第1章 今、製品開発設計の何が問題なのか？　11

1. 製品開発に長い開発期間と膨大な設計マンパワーが必要 …………… 12
2. 設計財産の再利用を目指すアプローチが失敗してきた ……………… 15
3. 設計業務の設計財産活用を含むIT化ができていない ………………… 18
4. 新ジャンル製品ラッシュ期の新製品開発と新ジャンル
   製品飽和期の新製品開発の問題 ………………………………………… 20
5. 「寿命ある物」での設計方法から発想転換できない …………………… 24
6. 従来設計方法は前工程の設計情報が後工程の設計に1対1で
   リンクしてない …………………………………………………………… 25
   第1章のまとめ ……………………………………………………………… 27

第2章 製品開発は何をどう創るかの設計工程が重要　29

1. 製品開発（モノ創り）の考え方とモノ創りの流れ …………………… 30
   - 1-1 製品開発（モノ創り）の考え方と定義 ………………………… 30
   - 1-2 何をどう創るかの"設計情報の創造"がモノ創りの本質 ……… 33
   - 1-3 後工程の製品製造／販売の戦略・方法は企画設計工程で
     創る設計情報で決定 ……………………………………………… 35
   - 1-4 設計情報を中心としたモノ創りから販売・サービスまでの戦略展開事例 … 36
2. 製品開発の「設計情報の創造」の流れ ………………………………… 38
   - 2-1 何を創るかの目標仕様の設計情報を創造「目標仕様設計」…… 39
   - 2-2 新製品に「魅力・個性を持たせる機能」の設計情報を創造「機能設計」… 48
   - 2-3 新製品を具現化する詳細・生産・品質保証設計工程 ………… 51
   - 2-4 詳細設計・生産設計情報はIT技術による変換作業に革新 …… 52
   第2章のまとめ ……………………………………………………………… 54

CONTENTS

第3章 「寿命ある物」での設計から「機能セル」での設計へ　55

- **1** 従来のものづくり設計「部品・モジュール等寿命ある物での設計」… 56
- **2** 新しいモノ創り設計「経年変化の影響を受けない寿命の無い"機能セル"で設計」……… 63
- **3** 機能に付随する「用途により変動する部分と時々刻々進化する部分」は最新情報でリフレッシュ ……… 69
- **4** 各機能セル単位での詳細・生産設計情報への変換や情報アップデートはITの得意分野 ……… 71
- 第3章のまとめ ……… 75

第4章 目標機能を創るための機能セルと機能設計　77

- **1** 新製品の目標機能の創り方 ……… 79
  - **1-1** 目標仕様に必要な機能を分析し、目標機能を創る ……… 79
  - **1-2** 目標機能を構成する要素機能の分析 ……… 81
- **2** 機能セルの創り方 ……… 83
  - **2-1** 目標機能に必要な要素機能に名を付ける ……… 83
  - **2-2** 機能セルの階層的分類 ……… 85
  - **2-3** 機能セルは常に最新情報にアップデートして新鮮さを保持 ……… 86
  - **2-4** 各機能セルに後工程の詳細・生産設計情報をリンク ……… 88
  - **2-5** 機能セルを市場に順応させて機能を進化させる ……… 89
- **3** 機能設計 ……… 92
  - **3-1** 新製品の主要機能及び補助機能を機能セルで設計 ……… 92
  - **3-2** 新製品の目標機能を「大・中・小機能セル」を用いてツリー構成で設計 ……… 93
  - **3-3** 機能設計情報報の組立／具体事例 ……… 96
- 第4章のまとめ ……… 108

第5章 機能設計から詳細設計と生産設計へ　109

- **1** 機能設計情報から詳細設計情報に変換 …………………110
  - **1-1** 機能設計情報から製品を具現化する詳細設計へ …………110
  - **1-2** 各機能セルを部品・モジュールで構成する回路図等の詳細設計情報に変換 …………116
  - **1-3** 追加する「新しい機能セル」の詳細設計 …………122
- **2** 詳細設計情報から生産設計情報に変換 …………………125
  - **2-1** 新機能セルの詳細設計情報を部材調達・加工・組立の生産設計情報に変換 …………125
  - **2-2** 生産設計情報から作業リードタイム設計へ変換 …………129
  - **2-3** リードタイム短縮の工程別作業指示画面への変換 …………133
  - **2-4** "水平分業型ものづくり"で製品品質・コストを確保するものづくり …135
- **3** 機能設計情報から詳細・生産設計情報変換のIT技術活用 …………137
  - **3-1** 機能設計情報から詳細設計情報へのIT化変換 …………137
  - **3-2** 詳細設計情報から生産設計情報へのIT化変換 …………139
- 第5章のまとめ …………142

第6章 機能セルの設計資産化とその活用　143

- **1** 機能セルの設計資産化 …………………145
  - **1-1** 機能セルの設計資産化の準備 …………145
  - **1-2** 詳細・生産設計情報を機能セルに付加 …………146
  - **1-3** 機能セル名で格納する設計BOMの準備 …………147
- **2** 設計資産化した機能セルの活用 …………………151
  - **2-1** 機能セルの設計資産の活用準備「活用のしくみ、設定IT画面等」…151
  - **2-2** 機能セルの設計資産としての活用 …………154
- **3** 設計資産化の機能セル利用による製品開発事例 …………160
  - **3-1** 設計財産の利用で設計リードタイム短縮 …………160
  - **3-2** 同じ要素機能を繰返し使う開発設計のリードタイム短縮 …………163
  - **3-3** 設計財産の利用で研究開発の研究リードタイムを短縮 …………166
- 第6章のまとめ …………168

CONTENTS

第7章 製品に個性を持たせる戦略Keyセル手法　171

- **1** 日本の強みと主要国の強みからの製品開発の考察 …………172
- **2** 製品に個性を持たせ、自社の強みを活かす
  「戦略Keyセル」の創造 ……………………………………176
- **3** 製品戦略に戦略Keyセルを活かす機能セル設計 ……………180
- **4** 戦略Keyセル化を活かした機能セル設計事例 ………………182
- 第7章のまとめ …………………………………………………184

あとがき ……………………………………………………………185

第1章

今、製品開発設計の 何が問題なのか？

　従来の製品開発では、中形インバータの開発で5万時間、小形コンピュータの開発で10万時間、そして新車開発では100万時間以上など長い開発期間と膨大な設計マンパワー・費用を必要とし、製品コストを押し上げている。

　この原因のひとつは、新製品の大半は既存製品の機能を踏襲するにもかかわらず、製品開発に既存の設計財産である「ものづくり図面」が再利用できないことだ。なぜならこの図面は、既存製品の"仕様100％"を具現化した「寿命ある部品で設計されたものづくり図面」である為、仕様機能が部分的にでも異なる新製品の開発には、そのまま設計情報として使えないのだ。その為、設計者は既存製品の中でそのまま使用できる機能の調査とその設計情報の転記をしなければならず、既存製品で設計したことの繰り返しに多くの時間を費やしている。

　さらに問題なのは、新しい創造に向かうべき若い設計者がこのような既存製品の調査・転記作業や注文対応の設計業務等の創造性のない業務に追われ、新製品開発（モノ創り）への夢と情熱を失っていることである。

製品開発に長い開発期間と膨大な設計マンパワーが必要

広範囲な設計業務

　製品開発における設計業務は**図表1-1**に示すように、㋑何を創るかの「新製品企画設計」、㋺新製品をどう事業化するかの「事業企画設計」、㋩新製品の仕様・基本構想を創る「構想（基本）設計」、㋥構想設計された製品構想をどう開発するかの「開発計画設計」と進み、ここまでの設計工程で「新製品の仕様・構想・開発計画」を決定する。次に新製品をどう具現化するかの㋭「詳細設計」工程へと進む。

　従来の製品開発の設計方法では「㋩構想（基本）設計工程」と「㋭詳細設計工程」の2工程が中心設計工程であり、大半の設計業務が詳細設計に集中している。すなわち、詳細設計工程では㋭①回路・構造設計など詳細構成設計、㋭②部品・材料選定する部材設計、㋭③材料・部品加工などの部品製作設計、㋭④モジュール・製品組立設計などの製品製作設計、㋭⑤製品の品質を保証する為の品質・試験設計、㋭⑥「開発製品の新機能の評価試験」などの設計作業がある。そして製品の具現化に必要な「構成等詳細設計書、製品構成図、回路図」、「部品・部材の強度他選定設計書、手配書」、「モジュール・製品の組立製作図面」の設計情報を設計成果物として作成する。このように、構成・回路設

設計プロセス		主設計作業	創る設計情報
㋑製品企画設計		何を創るかを決める	顧客が要求するコトに対する製品企画書
㋺事業企画設計		どう事業化するか決める	事業計画書、販売・サービス等計画書
㋩構想（基本）設計		仕様・基本構想を創る	製品構想仕様書、製品仕様書
㋥開発計画設計		どう開発するかを決める	開発組織、開発計画日程等開発計画書
㋭詳細設計	①詳細構成設計	回路・構造等を設計	構成等詳細設計書、製品構成図、回路図
	②部材設計	部品・材料の選定設計	部品・部材の強度他選定設計書、手配書
	③部品製作設計	材料・部品の加工設計	部品の加工・組立他の製作図面
	④製品製作設計	モジュール・製品の組立設計	モジュール・製品の組立製作図面
	⑤品質・試験設計	製品品質を保証設計	製品品質仕様、試験仕様書
	⑥新機能評価	新機能の評価試験	新機能の評価試験成績書

　図表1-1　製品開発における広範囲な設計業務の目的と成果物

計から製品評価までの広範囲が開発設計業務工程となっている。

新しいジャンルの新製品と既存ジャンルの新製品

　開発する製品が新しいジャンルの製品（新規分野製品）であると製品機能の大半が新しく設計するので、㋑〜㋭の開発設計業務が膨大となる。特に他社にも無い新機能を持つ新製品開発では「目標とする製品新機能は可能か？」の評価試験工程に長い期間を要する。これが他社で類似製品を発表していれば、開発の80％ができると云われる所以である。

　現在の製品開発の大半は既存ジャンルの新製品であり、a）エアコンに「外出先から帰宅時に合せた温度設定する新機能を追加」やb）FAシステムに「製作製品自体（車体等）と組立ロボットとが会話して、次々と部品を取付ける新機能を追加」などのように既存製品に新しい機能を追加するモノである。

既存ジャンルの製品開発の問題

　したがって、新製品開発とは云っても、大半は、既存製品の90％以上の機能を踏襲する製品「既存ジャンルの新製品」となっている。本来なら、既存製品の踏襲できる機能部分の設計財産を再利用して、10％以下である新機能の部分だけを新しく設計したい。しかし、従来の設計方法で創られた回路図や組立図等の設計財産は「含まれる部品情報等が陳腐化している」「利用したい機能と一致してない」等の理由で再利用ができなかった。

　その為、設計者は既存製品の踏襲できる機能部分の調査、及び使用できる設計情報を抽出転記する作業が必要となり、その「調査・抽出転記」作業が設計期間の大半を占めている。すなわち90％以上踏襲できる既存製品を持ちながら、新製品開発時に既存製品の設計情報をそのまま再利用できない為、既存製品の"製品開発で行ったこと"を繰り返し行い、膨大な開発設計期間が必要となっている。

　新製品開発において設計者は、開発設計業務のほかに、後工程の製造・試験・出荷の各工程での問題対応及び顧客納入後の問題対応まで関与しなければならない。

　このように、膨大な設計業務と長い開発期間に対し、これらの期間はどうしても必要であるとの潜在意識が強く、どうしたら開発業務を少なく、どうしたら短期間でできるかの短縮改革意識が乏しく製品開発設計の改革が行われな

設計プロセス		主設計作業
㊀製品企画設計	①生産組織・設備企画設計	製品製造の生産設備／生産組織等の構築を設計する
	②販売店・組織企画設計	販売に必要な販売店・組織等の販売網構築を設計する
	③モノづくり企画設計	部材調達／生産／試験評価のモノづくり方法を設計する
	④顧客戦略企画設計	宣伝営業／保守サービス性の戦略を設計する

図表1-2　広範囲な製品企画設計業務

かった。

製品開発設計以外に必要な事業企画業務他

　新製品をどう事業化するかの「㊁事業企画設計」では図表1-2に示すような㊁①後工程の製品製造の生産設備／生産組織等の構築方針を設計する「生産組織・設備企画設計」、㊁②販売に必要な販売店・組織等の販売網を構築方針設計する「販売店・組織企画設計」、㊁③製品の品質・コストを左右する部材等調達／製品生産／製品試験評価等のモノづくり方法方針を設計する「モノづくり企画設計」、㊁④製品の売れ行きを左右する製品の宣伝営業／販売／保守サービス等顧客戦略方針設計する「顧客戦略企画設計」など広範囲な新製品企画に関する製品企画設計業務がある。

　開発する製品が自社の新規分野製品である場合は、製品企画設計業務に膨大な業務が発生するが、既存分野の製品の場合には「製品の宣伝営業」関連業務くらいの少ないマンパワーで済む。つまり、この膨大な製品企画設計業務の為、新規分野製品での企業の新規参入は難しいのである。

2 設計財産の再利用を目指すアプローチが失敗してきた

発明・新技術で誘発される新ジャンル製品のラッシュ時代

　従来のものづくり設計は、日進月歩で進化する部品やモジュール等寿命のある物で設計されてきた。図表1-3で示すように、世紀の大発明「トランジスタ」に端を発し、50年代後半の「トランジスタラジオ」、「集積回路IC、LSI」、「イメージセンサー」「TFT液晶パネル」、携帯可能な小形な新しいジャンルの新製品が次々と開発された。そして集積回路技術の展開と新しい発想より産まれた新技術「マイクロプロセッサMPU」により、PCをはじめとした頭脳を持つ数々の製品が開発された。その開発ラッシュが80年後半まで続き、現在まで存続するジャンルの製品が発売された。[10]

　このトランジスタの発明に端を発した「エレクトロニクス」の発展は電機産

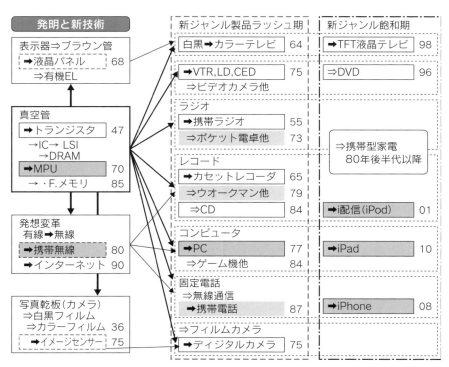

図表1-3　発明・新技術で誘発される新ジャンル製品のラッシュ期と飽和期

業分野に留まらず、機械産業や材料産業など全分野に波及して、第3次産業革命に発展した。

新ジャンル製品の飽和の時代へ

市場を変える発明・新技術の発表が収まり、新技術の展開開発が一段落した80年後半〜90年代以降になると、新しいジャンルの新製品が図表1-3の新ジャンル飽和期で示すように希となり、BtoC製品、BtoB製品ともに既存製品に新しい機能を追加する製品の比率が増加した。

標準化活動での設計財産化のアプローチの失敗

90年代以降、既存製品の機能を90%以上踏襲して、5〜10%の新しい機能を追加する新製品開発の比率が増加すると、図表1-4に示すように既存製品の設計情報を設計財産として、再利用するため「設計情報」の標準化活動が始まった。

この標準化活動での設計財産化のアプローチは従来の開発設計の方法「寿命

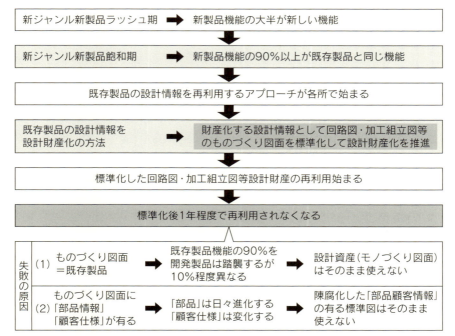

図表1-4　新ジャンル製品飽和期で設計資産化開始と資産化失敗

のある物（部品）や顧客仕様で設計」された回路図や製作加工図等の"ものづくり図面"を標準化して設計財産化する方法を採用した。標準化したものづくり図面（回路図・加工組立図等）により、設計財産の再利用が始まるが、標準化後1年程度で再利用されなくなった。

失敗の原因は（1）ものづくり図面＝既存製品100％を具現化したものであるのに対し、開発製品は既存製品機能の90％を踏襲するが10％程度は異なるため、設計資産（既存製品のものづくり図面）がそのまま使えない。

（2）ものづくり図面には「部品情報」「顧客仕様」があるが、「部品」は日々進化し、「顧客仕様」も変化するので、陳腐化した部品情報や顧客仕様のある標準図はそのまま使えない。

すなわち、機能が一部異なる開発製品に既存製品の機能を実現する図面はそのまま使用できない事と、陳腐化する部品情報や特定顧客仕様のある図面はそのまま使えないので、設計情報の財産化の方法として「ものづくり図面での標準化」は失敗したのである。

標準化アプローチ失敗事例（制御盤筐体の標準化アプローチ）

火力・原子力発電設備や上水・下水道設備や鉄鋼圧延設備・FA設備等の社会インフラ設備用に使われる重要な制御システムの制御盤は電機工業会で盤幅・奥行・高さの標準が数種ガイドされている。その為、社会インフラ用の各種制御盤を造る工場では、制御盤に格納する制御モジュールは用途により大きく変わるが、制御盤筐体は標準化できると考えて、筐体標準化グループを組織し、電機工業会のガイドを参考に発電分野・上水下水分野・産業分野毎に数種類の標準筐体を作成した。

しかし、標準化筐体を展開してみると、各分野で顧客により筐体の鋼板厚みや振動強度の仕様が異なり、標準筐体として使える顧客が限られ、標準化プロジェクトは失敗した。その後も、5、6年サイクルで筐体の標準化プロジェクトが組織されて標準筐体が造られたが、その都度標準化完成後2年位は使われるが、顧客ニーズの変化に対応する自由度が少なく利用されなくなり、失敗に終わった。

3 設計業務の設計財産活用を含む IT化ができていない

開発設計業務のIT技術利用は低調

　生産現場ではコンピュータコントロールによるオートメーション生産自動化などIT技術が大々的に利用されてきたが、製品開発の設計作業は**図表1-1**で示すような広範囲かつ膨大な業務があるのにもかかわらず、設計作業のIT適用化比率が低い状態である。

　図表1-5にこれまでの設計業務へのIT化とモノづくりのIT応用概要を示す。図のように設計業務へのIT技術はCAD・CAEなどが設計支援として古くから用いられていたが、それ以上のIT技術の設計業務への拡大はされず、一部回路動作のITシミュレーションが種々拡大されてきた。モノづくりへのIT応用は調達生産手配等の生産管理でBOM（Bill of materials）が部品の管理として広く使われている。生産現場ではコンピュータコントロールによるオートメーション生産の他、自律加工機能を持つ「DDC制御の加工設備及びCAM設備」などの個別加工設備のIT化やネットワークを利用して各設備の生産実績管理などが進められている。

　このように生産現場では活発にIT化が進んできているのに、設計作業のIT利用が低調である原因の一つは、設計財産化を目指した標準化アプローチが失敗し続けた事で、設計情報の設計財産化によるIT化再利用を諦めていたからだ。また、開発設計業務は「考える事」が必要な業務なので、人が実施する事と決めつけてIT化のアプローチが不足していた。

設計支援ツール CAD、CAE	＊部品・筐体加工図等の設計情報を作成する機械系CAD ＊電気回路・ソフト構成等の設計情報を作成する電気系CAD ＊振動解析・熱解析や制御安定解析等の性能解析系CAE
調達生産手配等の 生産管理	＊部品等の調達・在庫管理や納期管理 ＊加工・製作の関係部署の生産工程管理、生産統計管理 ＊部品、製品の材料費・加工費の原価実績管理
オートメーション 生産	＊自律加工機能を持つ「DDC制御の加工設備及びCAM設備」 ＊工程順に次々に指令して自動生産するコンピュータコントロール ＊ネットワーク利用して各設備の生産実績を管理

図表1-5　現在までの設計業務へのIT化とモノづくりのIT応用概要

第1章　今、製品開発設計の何が問題なのか？

人の「智慧による創造力」が必要な開発設計工程

　前述したように開発設計業務は「㋑新製品企画設計」、「㋺事業企画設計」、「㋩構想設計」、「㋥開発計画設計」「㋭詳細設計の①〜⑥」の広範囲な設計工程からなる。図表1-6に示すように、これらの設計工程の中で、製品開発設計に直接係るのは「㋑製品企画設計」の一部と「㋩構想設計」と「㋭詳細設計」である。これらの開発設計業務の内、人の「智慧による創造力」が必要な工程は㋑の何を創るか㋩の仕様・基本構想をどう創るか㋭①のどのような回路・構造にするか㋭⑥の新機能が設計通りに機能するかの一部の工程と考える。

IT技術が得意な作業に転換できる開発設計工程

　それに対し、図面作成等設計作業の物量が多い㋭②部品・材料選定する部材設計、㋭③材料・部品加工などの部品製作設計、㋭④モジュール・製品組立設計などの製品製作設計、㋭⑤製品の品質を保証する為の品質・試験設計の4工程は、前工程の㋭①詳細構成設計で創られた「回路・構造等の設計情報」を製品製作用の「加工・製作図に変換する設計」と考えれば、変換作業が得意なIT技術の活用が可能と考えられる。

「人の得意」と「ITの得意」を融合した「人とITの共生化」

　すなわち、開発設計業務の各工程を「人の"智慧による創造"が必要な設計作業」と、「設計情報への機械的変換作業」や「容易な判断で済む設計作業」とに区分けして、人とITの共生化の検討をする事でIT技術を活用できると考える。詳細は3章の4節で述べる。

設計プロセス		設計作業の区分（色済み印：中心設計作業）	
		人の知恵を必要とする考える作業	IT技術得意な整理・変換作業
㋑製品企画設計		何を創るかを考え創る	（市場のニーズ・動向のデータ整理作業）
㋩構想設計		仕様・基本構想を考え創る	（既存製品の仕様データの整理）
㋭詳細設計	①細構成設計	回路・構造等を考え創る	（既存製品の構成・回路図の流用箇所整理）
	②部材設計	（部材の選定チェック決定）	最新部材推奨と回路構成図からの変換作業
	③部品製作設計	（加工図チェック）	既存図面データと回路構成図からの変換作業
	④製品製作設計	（組立製作図チェック）	既存図面データと回路構成図からの変換作業
	⑤品質・試験設計	（試験仕様書チェック）	構想設計図、回路構成図からの変換作業
	⑥新機能評価	評価仕様を考え試験指示	新機能設計仕様と試験データの照合

図表1-6　開発設計に直接係る設計業務の区分け（考える、変換）

4 新ジャンル製品ラッシュ期の新製品開発と新ジャンル製品飽和期の新製品開発の問題

新ジャンル製品ラッシュ期と飽和期の新製品開発の流れ

前述したように、新ジャンル製品ラッシュ期から新ジャンル製品飽和期に移行すると新機能の創造の流れが図表1-7に示すように大きく変わった。

新ジャンル製品ラッシュ期の新製品開発では発明に誘引された新技術が次々と開発され、発明・新技術を利用した新機能の創造のチャンスが増えると共に、顧客も新技術利用の新機能を期待する。若い設計者は新技術・新製品の開発に夢と情熱で挑戦する結果、顧客を魅了する新製品が次々と開発され、売り上げが増大し、企業利益が増し開発投資も増大して、さらに若い設計者の開発チャンスも増大し、さらなる新技術の組合せで、顧客を魅了する新機能の創造へと"正のスパイラル"で新機能を創造してきた。

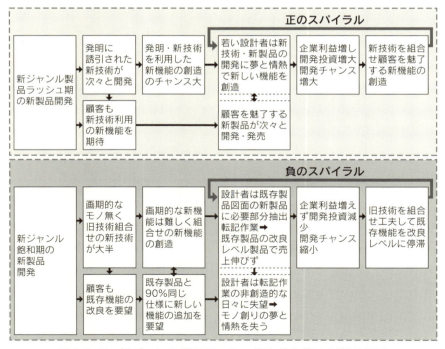

図表1-7　新ジャンル製品ラッシュ期と飽和期の新製品開発

新ジャンル製品飽和期になると、画期的な新技術の開発が無く、旧技術組合せの新技術が大半となり、画期的な新機能の創造は難しくなり、組合せの小規模な改良レベルの新機能となってきた。顧客も新技術の動向より既存機能の改良レベルの要求に変り、既存製品と90％同じ機能に新しい機能を追加する程度に変った。顧客の要望を達成する為、設計者は既存製品図面の必要部分の抽出転記作業を行い「既存製品の改良レベル製品」の新製品開発を行う。一方、設計者は転記作業の非創造的な日々に失望し、新製品開発の夢と情熱を失っていく。その結果、新製品が顧客を魅了するレベルにならない為、製品の価格も低くなり、企業の売上・利益とも増えない。企業の開発投資が減少し、新製品の開発が低調となるという"負のスパイラル"に陥る。そして、柔らかな発想で「顧客を魅了する製品を創造」する事が期待される若い設計者がモノ創りへの夢と情熱を失ってしまう恐れがある。

新ジャンル飽和期の問題─大半の設計業務は90％以上が既存製品の転記作業

新製品開発の80年後半～90年代以降は新技術から産まれる新しい機能が少なくなり、「市場が要望する新しい機能」や「他分野で採用されている機能や新機能」を取り入れた「機能」を「既存製品の新しい機能」として追加して新製品にする開発設計が多くなった。これはBtoC製品だけでなく、BtoB製品においても顧客のニーズ「他分野で採用されている機能が欲しい」により製品開発がされている。

その為、新製品を構成する機能は①既存製品の機能に、②市場の要望する新しい機能を追加したモノとなり、製品の持つ機能は年々多機能となっていき、現在では新製品の機能比率は既存製品の機能が90％以上となり、追加される新しい機能は5～10％程度のモノが多くなっている。

したがって、新製品に90％以上踏襲される既存製品の機能を正確に利用する必要がある。しかし、1章2節で述べたように設計財産である既存製品の設計情報は既存製品の仕様（機能）を100％実現するための「ものづくり図面」であり、新製品に不要な機能部分も含まれており、新製品に必要な機能単位に整理されてない。また、寿命のある物で設計した回路図等の設計情報は最新の部品に変更する必要がある。その為、そのまま設計財産を利用できないので、既存製品の機能を調査し、図表1-6に示した㋭②部材設計、㋭③部品製作設計、㋭④製品製作設計、㋭⑤品質・試験設計で作成した「加工製作図・組立製作図」や試験仕様書等の既存製品の設計情報を参考にして、新製品の必要機能

に対応した製作図面を再設計している。この設計作業は使用できる機能部分の設計財産を選別抽出し、新製品全体の90％を占める「抽出した機能の必要設計情報部分」を手作業で転記するに等しい作業である。

　この必要部分の抽出・転記作業は既存製品で製品開発した設計作業を繰り返し行うようなもので創造性の無い退屈な設計業務で、かつ、長い時間を要する。

大半の設計者は創造する業務に係れない環境

　製品開発の設計者はこのように大半の設計時間を既存製品の利用できる部分の抽出と転記作業追われて、最も時間を掛けるべき「新しい機能の創造設計」に時間が取れない状態となっている。その結果、設計者が新設計部分の魅力ある機能を創造する業務に係れない開発設計環境に陥っている。

転記作業中心の非創造的設計でモノ創りへの夢を失う

　インフラ設備関係で顧客から注文を受けるBtoBビジネスにおいては、企業推奨の既存システムに顧客サイト固有の仕様を追加するニーズが大半であり、既存のシステムの機能を踏襲する比率が90〜95％となる。かつ、追加の5〜10％の機能は画期的な主要要素機能ではなく、従来の主要要素機能に追加する細々とした要素機能が多くなってくる。

　したがって、従来の設計方法で作られた回路図・組立図等のものづくり図面は機能単位に作られていないので、このように細々とした要素機能追加があるとそのまま利用できない。その為、顧客からのサイト固有のニーズの注文システムを担当する企業では、既設財産を再利用するシステムができていないので、設計者は既設計品の設計情報の調査から使える設計情報の選別／転記作業という非創造的な設計業務で90％以上の設計時間を占有されている。

　このような設計環境の問題が放置されている為、大半の設計者は新しい製品や新しい機能を開発設計するという「新しいモノを創造する設計時間とチャンス」が無くなっている。

企業の投資減少で新製品開発チャンスも減少

　加えて、企業の新製品・新技術開発への投資減少で新製品開発チャンスや新規提案の自由度が減ってしまっている。これらの新製品開発チャンス減少は、開発への情熱と発想の豊かな若い技術者のチャンスをさらに減らしている。

かつて、若い技術者の情熱とバイタリティがトランジスタラジオや携帯音楽プレーヤー等の若者を魅了する新製品を産み出してきた。若者を魅了する新製品の開発が期待される「若い設計者」は新技術・新製品の開発に夢と情熱を持って入社してきたはずである。しかし、「若い設計者」は新技術・新製品の開発とかけ離れた「転記作業という非創造的な設計の日々」に失望し、モノ創りの夢と情熱を失っている。

　この現状を打破する為に、開発のチャンスを作り、若い設計者に新製品開発の夢と情熱を取り戻させることが、"若者の新しい感覚で創る新製品"が次々と開発され、市場に投入される事に繋がると考える。

「寿命ある物」での設計方法から発想転換できない

従来の「寿命ある物」での設計方法からの脱却を！

　製品開発設計において既存製品機能の90％以上を踏襲するにもかかわらず、再利用できない設計財産を設計する設計方法の問題が①長い開発期間と膨大な設計マンパワーを必要とさせる、②設計者が既存製品の設計情報の必要箇所の転記作業という非創造的設計作業に追いやられて、新製品創造というモノ創りの夢と情熱を失わせている。

　すなわち、経年変化で使用部品が消える／陳腐化する等の「寿命ある物で設計して、回路図や製作加工図等の"ものづくり図面"を成果とする」昔ながらの設計方法が最大の問題である。寿命ある物（有形物）で設計された設計情報の"ものづくり図面"も当然経年変化で陳腐化する。また設計財産とした"ものづくり図面"は既存製品の全機能なので、機能が一部異なる開発製品にはそのまま再利用できない。

　生物である人体で考えてみても、機能細胞（例：皮膚細胞）の形ある細胞（皮膚）自体は日々新陳代謝し、新しい皮膚に産まれ替わるが、皮膚細胞という"細胞の機能"は変化せずに"同じ皮膚機能"として保持される、何億年も進化して来た生態系の"しくみ"に学んで、経年変化で壊れない／陳腐化しない"永続的のモノ"、すなわち"機能"で設計する方法への発想転換が必要と考える（詳細は第3章）。

従来設計方法は前工程の設計情報が後工程の設計に1対1でリンクしてない

従来設計方法は前工程成果が後工程にリンクできない

　従来の設計方法における開発設計に直接係る設計業務は図表1-6で示すように、㋑何をつくるかを決定する製品企画設計、㋺詳細仕様・構成を創る構想設計、㋭新製品に具現化する詳細設計の3設計工程で進められていた。実際に製品を具現化するのは㋭①〜⑥の詳細設計に大半が集中している。

　しかし本来の回路・構造設計等詳組設計に加えて、詳細設計段階で製品仕様の追加変更設計の発生、部品加工・製作加工図等の生産設計、さらに試験仕様設計など、直接開発設計に係る設計作業が輻輳して行われている為、設計作業工程の区分けと区切りは曖昧で色々な設計業務が同時進行で進められており、前の設計工程の結果を確認して、次の設計に着手する設計方法になっていなかった。

　その為、前工程の設計成果情報を後工程の設計に1対1でリンクできない設計となっていた。その結果、前工程の成果設計情報からIT技術利用の変換作業に置き換えが可能な②〜⑤の生産設計も手作業設計でせざるを得なく、多大な設計マンパワーを必要としていた。

水平分業型には後工程にリンクできる設計方法が必要

　日本の"ものづくり"は企業の社内組織分担で「設計部門での製品設計➡製造部門での製造"ものづくり"」と製品の大半を社内一貫の垂直統合型で生産していた。

　その為、ものづくり技術（ノウハウを含む）である「造り方・造るしくみ（造る順序、造る工具、加工方法など）」はすべて製造部門の役目と自負しているので、他社を凌駕するものづくり技術を次々と向上させた。85年以前には、この"ものづくり"向上力が「社内での部品製作から一貫生産の垂直統合型"ものづくり"」として"日本ものづくり"と云われた。

　しかし、市場ニーズの多様化及びコスト低減要求により、部品製作からすべてを1企業で生産できなくなり、海外企業を含む多数の企業で分業する「水平分業型ものづくり」に移行せざるを得なくなった。その為、設計者が設計した製品の一部を別の企業の製造部門に造ってもらうか、別に企業で開発した部品

を設計修正で使うことになる。後者の場合は自社設計の責任で実行するので問題ないが、前者の場合はそれまでの「垂直統合型ものづくり」が問題となる。すなわち、"ものづくり"すべてを社内の製造部門が担当し、殆どの企業の設計部門が"造り方・造るしくみ"を創る"モノづくり設計"に係っていなかったことで、別の企業への製作依頼となると、製品仕様の指示はできるが、「造り方や造る順序・造る工具・加工方法などの造るしくみ」を指示できない。その結果、設計者が目標とした製品の品質・コストを満足しないだけでなく、海外の会社の場合は不良品を製造することになる。

したがって、前工程で決めた製品仕様機能単位の設計情報を後工程の設計、及び製造現場ショップ単位でのものづくりまでリンクされている事が水平分業型でのものづくりに必須である（詳細は5章2-4）。

後工程にリンクできる新しい設計方法

本書で述べる製品開発の設計方法では、製品開発の最も重要な工程は設計情報を創る設計工程と位置付けて、各設計工程の目的機能を明確に区分けして、設計の流れを①何を創るかの「新製品目標仕様設計」、②新製品を構成する機能を設計する「機能設計」、③製品を具現化する「詳細設計」と④「生産設計」及び⑤「品質保証設計」の5設計工程とした。

さらに、各設計工程は前工程の成果設計情報を後工程の設計に1対1でリンクできる新しい設計方法とした（詳細は2章2-2節で述べる）。

第1章のまとめ

(1) 製品開発は広範囲な開発設計業務があり、特に新規分野製品では製品開発設計だけでなく、生産設備や販売までの企画設計等で、膨大な開発設計人員と開発期間が必要である。

(2) 90年代以降は新しいジャンルの新製品が希となり、既存製品に新しい機能を追加する製品が中心の時代となった。

(3) 90年代以降の新製品は既存製品の機能を90％以上踏襲する為、目指す「設計情報の標準化」活動が始まった。

(4) 「寿命のある物」で設計した"ものづくり図面"を標準化して設計財産化したが、致命的問題により再利用ができなかった。

(5) 再利用できない第1の問題は経年変化で使用部品が陳腐化する「寿命ある物で設計する」従来の設計方法にあった。

(6) 第2の問題は既存製品の100％の機能を実現させる"ものづくり図面"が新製品に不要な機能を含んでいることである。

(7) 第3の問題は製品機能単位に後工程設計に1対1でリンクしない為、機能単位に"ものづくり図面"ができないことである。

(8) 前工程成果を1対1でリンクしない為"人の考える設計"から"ITでの変換設計"に転換できず、膨大な設計パワーが必要となっている。

(9) 再利用できないので、90％以上が既設製品の調査・転記という非創造的な設計作業を繰り返していることが問題である。

(10) 設計者は既設製品の転記作業という非創造的業務及び、開発チャンス減少も加わり、製品開発への夢と情熱を失っている。

(11) 生物は機能細胞の組合せから構成されていることより永続的である。そこで設計も機能で構成する設計への発想転換が必要である。

(12) 機能単位に後工程設計に1対1でリンクしないで、造り方を製造部門に任せる垂直統合型ものづくりのまま、製造が他企業となる水平分業型ものづくりになると、品質・コストの問題を起こした。

コラム 生態系の不思議「1」{真核生物（細胞）への進化}

　生物は度重なる生活環境の苦難に遭遇する度に、苦難を克服する為に創意工夫して、新しい"生態系のしくみ"を進化させてきた。

　30億年前食糧の困窮に陥った一部の細菌が突然変異で太陽光を利用し、エネルギーと酸素を作り出す"光合成"単細胞のシアノバクテリアに進化した。

　下図（A）のように、光合成で作られる酸素が海中・気中に急増したが、酸素は従来生物には猛毒であったが、一部の原核生物は猛毒の酸素を呼吸する酸素呼吸細菌に進化した。この酸素呼吸細菌は酸素で20倍のエネルギーを得て肉食性の細菌となり、捕食・被捕食の新たな関係が発生した。肉食性のバクテリアが現れると古細菌は生存の危機が生じ、仲間と合体して細胞を大きくする道を選択した。合体した古細菌は遺伝子を纏めて、膜で囲んだ"核"に進化し、大きな細胞の原始的真核生物に進化した。

　下図（B）のように、原始的真核生物が共生関係の「酸素呼吸生物」を捕食することにより、体内に取り込み、体内に入った酸素呼吸生物が栄養を分解してエネルギーに変換する器官である「ミトコンドリア」に進化した。さらに光合成生物を取り込むことで光合成を行う器官「葉緑体」となる。こうして、20億年前に、ミトコンドリアと葉緑体をもつ「真核生物」が誕生した。すなわち、これが現在の動植物の細胞の基礎となった。

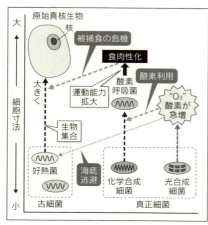

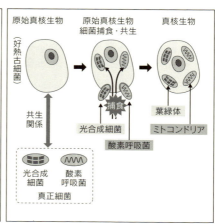

（A）原始真核生物への進化過程　　　（B）真核生物への進化過程
　　　　　　　　　　　　　　　　　（原始真核生物と真正細菌の共生からの進化）

第2章

製品開発は何をどう創るかの設計工程が重要

　"何を製品開発するか"は①顧客が"不自由に感じている・困っているコト"[注]、②顧客の夢・願望するコト、③市場の"風"を先取り、分析して、開発目標を設計することから始まり、開発製品の機能設計〜生産設計までの製品の設計情報を創造する設計工程が最重要である。

　モノ創りは設計情報の「有形物への転写＝TV等の製品」「無形物への転写＝スマホ等アプリソフトや娯楽等サービス」とも云われる。また、生産設備／生産組織／販売組織等も設計情報により決められる。

注）従来は顧客が要求する製品（モノ）は"形ある物"が中心であったが、ICT化の発展普及などにより、顧客が要求する製品は"形ある物"＋"形のないモノ"のソフト＋サービスや場（娯楽、観光等）の提供などの「複合された機能」に変貌してきたので、この「複合された機能」を一括してカタカナの"コト"と定義している。

製品開発(モノ創り)の考え方とモノ創りの流れ

1-1 製品開発（モノ創り）の考え方と定義

モノ創りの基本

　製品開発（モノ創り）の基本は「人々の抱える"危機""苦難"を解決する」「人々の願望を実現し、人々の生活を安全で豊かにして、喜びを与える」ことである。これは、生態系が遭遇する"危機""苦難"を乗り越えて、種の繁栄を願う為に環境に順応して進化を繰り返して来た「生態系が歩んできた"進化のしくみ"」と似ている。

　したがって、モノ創りの源である"人々の苦労しているコト（機能）""人々の欲しくなるコト（機能）"及び"日々変わる市場の風"を分析し、将来"顧客の欲しくなるコト"が何かを想定し、「何をどのように創るか」を考えることが製品開発（モノ創り）には重要である。また、新しいモノを創る為、最新の技術等を駆使して「創るモノの機能」を進化させて、市場にマッチした"良い品質"のモノを市場に提供する事をモノ創りの理念と考える。ここで"良い品質"とは買い手のニーズに応えられ"その時代に売れる製品"である。

有形・無形物両者に"モノ"と定義

　以前は人々の"苦労しているコト"や人々の"欲しくなるコト"からなる"市場の要求するコト（機能）"＝有形物の製品名「掃除機」で代表されるように、このような製造現場の製造が「ものづくり」として定着していた。近年の"市場の要求するコト（機能）"は①家電品の掃除機のように形を持つ"欲しいもの（有形物）の提供"、②スマホのように多機能端末とインターネット他通信ソフトを組合せての"欲しいモノ（有形物＋ソフト）の提供"、③ゲームソフトのように形の無い"欲しいモノ（アプリソフト）の提供"、④エレベータ・エアコン他設備の点検保守のように"欲しいモノ（サービス）の提供"⑤ディズニーランド、映画館のように"欲しいモノ（娯楽イベント）の提供"等有形物、無形物及びその組合せと様々である。このように、人々の欲しいコトが有形物、無形物と多様化し、無形物の比率が高くなっているので、以前の有形製品の製造に定着していた「ものづくり」と区別して、本書では有形物を"もの"

とし、有形、無形の両方を表す言葉としてカタカナの"モノ"を使う。
　現在販売されている製品を分類すると
①形を持つ"欲しいモノ"の製品開発（モノ創り）…TV／洗濯機等家電製品やインバータ装置など
②形の無い"欲しいモノ"の製品開発（モノ創り）…パソコン／スマホ等用のソフトや保守等サービスや娯楽等サービスなど
と分けられる。

製品開発は新機能の"創造"より"モノ創り"と定義
　本書では製品開発とは将来"人々の欲しくなるコト"である"新しい機能を創造"することにより"モノ造り"でなく"モノ創り"と定義し、製品開発設計の内製品の新機能を創造する設計工程を"モノ創り設計"とする。また、有形・無形のモノの製品を製造することを"モノづくり"と定義し、モノづくりをする為の設計を"モノづくり設計"とする。

モノ創りの考え方
　図表2-1にモノ創りの考え方を示す。製品開発（モノ創り）は①顧客が欲しがっているコト、②顧客が不都合を感じているコト、③変わり始めている市場の風、④市場を変革する可能性を持つ新技術等の現在の状況を分析する事が源点である。
　直近の新技術と生活環境の変化及び直近の"市場が欲しがるコト"の変化を事例にモノ創りを考える。市場の風である生活環境においては③のA）一戸建からマンション住いが増加、B）共働き家庭が増加、C）高齢者の自動車事故の多発などがあげられる。このような環境変化に順応する為、新しい技術を進化させ続け、多分野で市場を変革させる兆しがある。新技術として㋑無線技術の高速化と低価格化（WIFI他）、㋺IoT新技術の展開、㋩AI技術などの注目されている新技術があげられる。
　直近のA）一戸建からマンション住い増加とB）共働き家庭が増加などの環境変化に順応する為、進化を続ける新技術㋑高速化・低価格化したWIFI端末とスマホアプリソフト技術、㋺IoT新技術の活用により①の"客が欲しがっているコト"に対し「エアコンや炊飯器等の家電製品を帰宅時に合せてスマホから設定できるコト」が想定され、新製品開発「モノ創り」が考えられる。さらに、②顧客が不都合を感じているコトに対しては昼間不在あるいは狭い洗濯

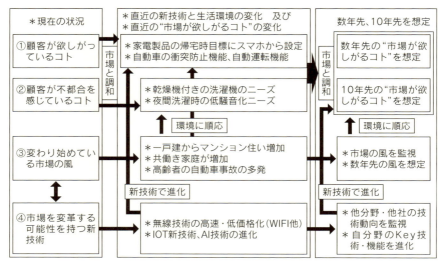

図表2-1　モノ創りの考え方

干し場環境の為、乾燥機付きの洗濯機や夜間洗濯時低騒音な洗濯機が想定され、製品に展開される。

また、C）に示す高齢者の自動車事故の多発という環境変化への順応では、㋺IoT技術、㋩AI技術等の新技術を進化させながら、市民生活に調和する為「自動車の衝突防止機能」、「自動運転機能」など"市場の欲しがっているコト（機能）"のモノ創りが考えられ、全世界で最近注目され、開発が進められている。

これらの事例に示すように、モノ創りは1）環境に順応する為、2）技術・製品機能を進化させながら、3）市民生活等の市場と調和させる、すなわち「｢順応｣ ⇄ ｢進化｣ ⇄ ｢調和｣」の三要素をモノ創り中心に考える事が最重要となる。

この考えは、生物が1）「氷河・高温の気温変動や食料危機などの変化する環境」に"順応"する為、2）一つ一つが機能を持つ"細胞"の"集合体の器官"で構成される生物は、その細胞レベル、機能器官レベル（脳、心臓、臓器など）の機能を"進化"させ、2）「植物の排出する酸素（O_2）を動物がその酸素を消費し逆に動物の排出する炭酸ガス（CO_2）を植物が消費する」など周りの生物同士が"共生・調和"して、何十億年と発展続けて来た"三要素「順応」「進化」「調和・共生」で発展する生態系のしくみ"の教えをDNAとして引き

継いでいると考える。[15] [16]

1-2 何をどう創るかの"設計情報の創造"がモノ創りの本質

設計情報の創造《注）2.1.1》

　モノ創りの最重要ポイントである"何を創るか"＝次に"顧客の欲しいコト（機能）"は㋑景気・流行含む市場環境の変化、㋺世代の違い、㋩地域の違い、㋥新しい技術の動向等により多様化しており、かつ大きく変化し続けている。したがって、景気・流行などの"市場の風"や新技術の動向等を分析して、狙う対象分野を絞り、先々変化して行く"市場の要求されるコト（機能）"を予測して"新製品の仕様・機能"を設計して「新製品の設計情報」を創ることが重要である。

　図表2-2にモノ創りの流れと製品競争力を示し、図表2-2（A）にモノ創りの流れと設計情報の創造の関係を示す。将来において顧客の欲しいコトを想定・分析して、何を創るかの基本設計・詳細設計と、どのようにモノづくりす

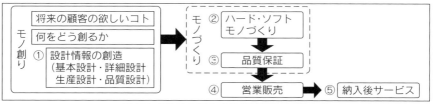

(A) モノ創りの流れと設計情報の創造

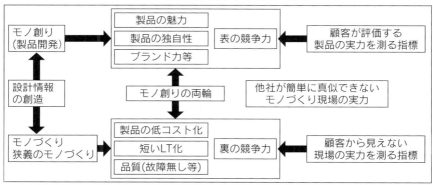

(B) モノ創りの両輪「表の競争力」と「裏の競争力」

図表2-2　モノ創りの流れと製品競争力

るかの生産設計とにより製品開発の設計情報を創造する。モノ創りの流れは、これらの製品開発設計（すなわちモノ創り）した設計情報により製品製作のモノづくりに進み、品質保証の検査終了で営業販売に進む。

図表2-2（B）に示すように、設計情報の創造が「製品の魅力」「製品の独自性」「ブランド力」等の表の競争力を左右する"モノ創り"となり、また、「製品の低コスト化」「短いLT化」「品質（故障無し等）」の裏の競争力を左右する"モノづくり"を決める。

表の競争力は顧客が評価する製品の実力を測る指標で、裏の競争力は顧客から見えない現場の実力を測る指標であり、いずれも他社が簡単に真似できないモノづくり現場の実力により競争力を高められる。表と裏の両競争力がモノ創りの両輪で一方でも崩れると製品は売れずに衰退する運命となる。

《注 2.1.1》：設計情報とは製品を製作具現化する為に必要な「新製品の仕様・機能」「回路・構成構造図等の詳細仕様」「加工・組立図等の製作仕様」等の設計した情報であり、モノ創り・モノづくりの基となる最重要情報である。

従来設計プロセスの構想設計と詳細設計

　従来の設計においては図表1-6で示したように、決定した"創るモノ（新製品）"をどのような仕様で創るかの基本仕様と構想を設計する㊇構想設計（あるいは基本設計）工程と、どのように製品を創るかの回路構成図・製作加工図などを設計する㊉詳細設計工程とに大まかに分けられている《注2.1.2》。しかし、実際には詳細設計段階で製品仕様の追加が発生して設計修正作業が度々入り、本来の回路設計、部品の加工設計、構造設計、試験仕様設計と併行で設計変更作業が生じるなど、大半の設計作業が輻輳している。

　構想（基本）設計おいては、a) 市場より要求されているコトを実現する仕様・形状仕様などの設計情報、b) 新製品の魅力とする仕様の設計情報、c) 新製品の個性とする仕様など新製品の基本設計情報を創る。したがって、構想設計工程で創られる「新製品の設計情報」が「顧客より評価される製品付加価値」（表の競争力とも呼ばれる）となる"製品の性能・魅力・個性"を決めるので、最重要な設計工程と考えられている。

　次に、構想設計で設計された「新製品の基本設計情報」を製品に具現化する詳細設計に進む。詳細設計工程では回路設計や構造設計等の設計図作成工程と、部品・筐体製作や組立配線図を作成する製作図設計工程とに分かれてい

る。これらの工程で創られる設計情報は裏の競争力となる"製品の品質・コスト"を決める。[4] [5] [6]

製品の表の競争力と裏の競争力《注》2.1.4》

　構想設計と詳細設計の両設計工程で創られる"設計情報の創造"が図表2-2で示した「モノ創りの両輪である"製品の魅力・個性"（表の競争力）と"製品の品質・コスト"（裏の競争力）」を決めるので、これらの「設計情報を創造」する設計工程が新製品開発で第一に重要な工程である。

　東京大学ものづくり経営研究センター長の藤本隆宏先生が「開かれたものづくり論」《注2.1.3》で、設計工程で創られた設計情報を有形物に転写したものが「家電品等の製品」で、無形物に転写したのが「サービス等の製品」と述べられており、京都の舞妓制度も無形物に転写した「古くから続くサービスの製品」と位置付けられるとも説明されているように、設計情報の創造が製品の良し悪しを決める重要なものである。[1] [2] [3]

《注2.1.2：畑村洋太郎偏「実際の設計」》。
《注2.1.3：藤本隆宏署「日本のもの造り哲学」日本経済新聞出版社》
《注）2.1.4：表の競争力は顧客が評価する製品の実力を測る指標であり、裏の競争力は顧客から見えないがものづくり現場の実力を測る指標である。

1-3 後工程の製品製造／販売の戦略・方法は企画設計工程で創る設計情報で決定

新ジャンルの製品開発には企画設計の工数が必要

　製品開発設計と併行して、設計工程で創られた設計情報に従い、製造現場でモノづくりする製造工程、そして市場に提供する販売工程など後工程の戦略・方法を企画設計する事が必要である。特に新ジャンルの新製品開発ではこれが重要である。

　すなわち、新ジャンル新製品製造に必要な生産設備や生産スキル人材等の生産組織の構築に加え、製品の品質・コストを左右する「部材等調達／製品生産／製品試験評価など」のモノづくり方法を生産開始までに企画設計することが必要である。

　また、製品の売れ行きを左右する「製品の宣伝営業／販売／保守サービス等」の顧客戦略を企画設計で検討する必要がある。このように、新ジャンルの

新製品を開発、販売展開するには、製品開発設計業務のほかに膨大な後工程の企画設計業務と生産／販売／サービス保守組織の構築業務が必要である。

したがって、ジャンルの異なる新製品開発は既存製品の設計財産が参考にできない事以上に、新しいビジネスに新規参入するのと同じく、膨大な「生産／営業販売／サービス」関係の企画設計業務と組織体制の整備が必要である。その為、新ジャンルの新製品開発、新しいビジネスへの新規参入は、企画設計マンパワーと新しい設備・組織費用が膨大にかかるため難しい。

1-4 設計情報を中心としたモノ創りから販売・サービスまでの戦略展開事例

製品の魅力、コスト、販売戦略等すべてが設計情報から

図表2-3に「設計情報の創造」をより発信したモノ創りと製品力の流れの事例を示す。

図に示すように、創造される設計情報は（A）製品の個性・魅力を創るモノ創り能力と（B）製品の品質・コスト力を創るモノづくり能力とが製品競争力の両輪を決める"最重要な製品開発力"である。加えて、顧客からの好感度「営業・販売のオペレーション力」「顧客現場へのサービス性」「ブランド力」を（C）営業・顧客対応力が決定する。さらに、本社の事業戦略や国内外拠点組織構築など、製品の収益力を左右する（D）製品展開の戦略の設計情報を企画設計段階で創る。新規参入や新ジャンルの製品開発時には（C）（D）の設計情報に大きな作業量が発生する。

モノ創り能力の強化には「変化続ける環境に順応」し、「技術・製品機能を進化」させ、「人々の生活と調和」するように常に設計情報を新しくしていくことが重要である。設計情報を「順応」「調和」「進化」させることにより、製品に他社が真似できない個性・魅力を創り出す。この設計情報を「順応」「調和」「進化」させるモノ創りコンセプトを藤本隆宏先生より評価頂いた。

モノづくり能力の戦略を創る設計情報は他社が簡単に真似できない「モノづくり力（加工・生産・試験能力）」「人材力（多能工な生産及び試験人材）」「モノづくり・IT構築力（生産しくみ作りとIT化）」「設備構築力（人と協調型自働化）」など開発する製品の品質・コスト力を構築する。このモノづくり能力を藤本隆宏先生は「狭義のモノづくり力」と呼び、顧客から見えない現場の実力を測る指標であるので「裏の競争力」とも呼ばれた。そしてこれは、製品の

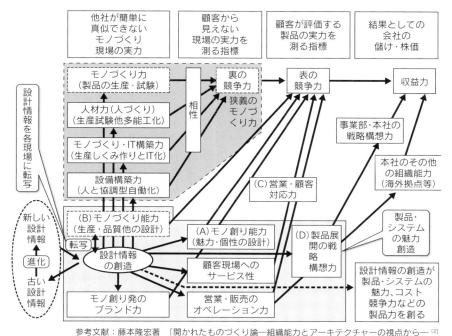

参考文献：藤本隆宏著 「開かれたものづくり論―組織能力とアーキテクチャーの視点から―」[2]

図表2-3 「設計情報の創造」中心のモノ創りと製品力の流れ

収益率に直結する。

また、モノづくり能力は自動車分野での改善活動に代表される「生産現場の生産改革活動」で強化される「生産のしくみの改善とIT化による改善」を日々実施することが重要である。

すなわち、図のように「設計情報の創造」がモノ創り・モノづくり現場・販売・サービス他の各現場に転写され、裏の競争力と表の競争力との両輪の製品競争力を創り出す原点であると考える。[2]

製品開発の「設計情報の創造」の流れ

従来設計プロセスは工程区分けが不明確で進行が輻輳

前述1-2節で述べたように、従来の製品開発の設計プロセスは製品仕様を決める「構想設計」と製品に具現化する為の詳細仕様を決める「詳細設計」との2つの工程で進められていた。実際には詳細設計段階で製品仕様の追加変更設計が発生する事が度々あり、本来の回路・構造設計等詳細設計と部品加工・製作加工図等の生産設計、加えて試験仕様設計など大半の設計作業が輻輳して行われていた。その為、設計作業工程の区分けと区切りが曖昧で色々な設計業務が同時進行で進められていた。また、同時進行の為、人にしかできない設計作業とIT技術で変換できる設計作業との区分けができないことがIT化を妨げていた。

新しい設計プロセス

本書で提案する製品開発の新しい設計プロセスを図表2-4に示す。新しい設計プロセスでは図のように、製品開発の最も重要な工程が設計情報を創る設計工程であるので、各設計工程の目的機能を明確に区分けして、設計の流れを①何を創るかの「目標仕様設計」、②新製品を構成する機能を設計する「機能設計」、③製品を具現化する「詳細設計」と④「生産設計」及び⑤「品質保証設計」の5つの設計工程とした。この5設計工程の内①「目標仕様設計」と②「機能設計」の2工程が「顧客の欲しがるコトを叶える製品仕様」「製品の個性・魅力」を創る最重要工程であり、③「詳細設計」と④「生産設計」の2設計工程が「製品の品質・コスト力」を創るモノづくりの重要工程であり、最後の⑤「品質保証設計」が製品の品質を保証する工程である。

5設計工程に区分けする目的はイ各設計工程の目的設計を完結してから次の設計工程に進み後戻りを防止する。ロ前工程設計された成果の「設計情報」から次工程の設計情報を設計する。ハ前工程の成果物「設計情報」から次工程の設計情報作成作業する「継承リンク」を明確にする。ニ前工程「設計情報」から次工程設計情報に変換する「考える設計➡変換する設計」と発想を切り替えて、IT技術を最大限に活用して、開発設計期間と設計マンパワーの短縮を図るということである。

設計プロセス (工程区分けと流れ)	各設計工程の目的機能
	(設計作業の区分 (色済み印：製品の魅力・個性を創る設計工程)
	(設計作業の区分 (色済み印：製品の性能・コストを作る設計工程)
ⓐ目標仕様設計	「市場が欲しがっているコト」を分析、将来予測し、「何を創るか」の目標仕様を決める
⇩前工程の設計成果「新製品の目標仕様」完結で次工程に直接リンク	
ⓑ機能設計	ⓐに必要な機能、要素機能を分析し、製品の魅力・個性を創る機能を決める
⇩前工程の設計成果「定義した要素機能」を次工程に直接リンク	
ⓒ詳細設計	ⓑの各要素機能を製品に具現化する為の回路・構造図など詳細仕様を作成
⇩前工程の設計成果「機能単位の回路・構造図」を次工程に直接リンク	
ⓓ生産設計 ①部材設計	ⓒ機能単位の回路・構造図から最新推奨部材を使い部材選択決定
②部品製作設計	ⓒ機能単位の回路・構造図と既製品情報からの部品製作図を作成
③モジュール製作設計	ⓒ機能単位の回路・構造図と既製品情報からモジュール製作図を作成
④製品製作設計	ⓒの全体回路・構造図と既製品情報から製品製作図を作成
ⓔ品質保証設計	ⓑの機能構成図とⓒの回路・構造図から試験仕様書を作成

図表2-4　目的機能を明確に区分けした新しい設計プロセスと設計の流れ

2-1　何を創るかの目標仕様の設計情報を創造「目標仕様設計」

"この先顧客の欲しがるコト"を想定し"何を創るか"を決定

　"何を創るか"はモノ創りの最重要ポイントであり、次に"顧客の欲しがるコト"は㋑景気・流行含む市場環境の変化、㋺世代の違い、㋩地域の違い、㋥新しい技術の動向等により大きく変化する。

　したがって、最初にビジネス対象とする"狙う分野""地域""世代"を決める。次に図表2-1のモノ創りの考え方に沿って、「③現状の変わり始めている市場の風」と「④市場の可能性を持つ新技術」を分析して、直近・数年先・十年先の「②顧客が不都合を感じてくるコト」及び「①顧客が欲しがっているコト」を想定し、"何を創るか"を創造する。

　この「"何を創るか"の創造」が開発する製品が市場で歓迎される製品になるかを左右する最重要の工程である。

　"人々の要求するコト"である「(A) 人々が不都合を感じるコト」「(B) 生活を楽しみたいコト」「(C) 夢を実現するコト」から「現在の製品がどのように創造されたか」を事例として分析し、「何を創るか」を創造するアプローチの仕方・考え方を述べる。

(A)"人々が不都合を感じるコト"から"何を創るか"の創造

図表2-5に示すように、人は"きついコト"例えば、機械化前の"家事できつい仕事"（a1）風呂他の水汲み（a2）手洗い洗濯からの解放を最初に望んできた。人は"きついコト"から解放されるとさらに楽を求め、次々と"要求するコト"がエスカレートする。

(a1) 辛い重い井戸の水汲みからの解放

①当初は家から離れている川から水を運搬していた。この辛い重い水桶運搬からの解放をめざして「滑車」が考案され、水桶運搬から、②井戸水の釣瓶汲みに改善された。さらに、繰返しの釣瓶引上げからの解放を目指して「手押しポンプ」が考案され、③手押しポンプ汲上の方法に改善され"大幅に楽になった"。さらに手押しからの解放への要望に対し「家庭井戸用電気ポンプ」が開発され、④電気ポンプ水道が開発され"水汲みから完全開放"と改善された。

その後、大半の地域において、井戸水使用不可となる「井戸水の水質法規制化」もあり、「公共上水道」が普及し、各家庭での「以前きつかった水汲みの仕事」「水汲み関連メンテナンス」から完全に開放された。

愛する人達を"きつい仕事から楽にさせてあげたい"の強い想いから"何を創るか"が検討され、新しい技術を利用した道具が次々と考案された。

"不都合を感じるコト"➡➡"何を創るか"の創造

・機械化前の"家事できつい仕事"の順位は(a-1)風呂他の水汲み(a-2)手洗い洗濯であった。

(a1) 井戸の水汲み
　川の水の運搬(辛い重い水桶運搬からの解放) ➡ 滑車の発明
　➡井戸水の釣瓶汲み(繰返しの釣瓶引上げからの解放) ➡ 手押しポンプの発明
　➡手押しポンプ汲上"大幅に楽になった"が(手押しからの解放)と更に欲望は上に
　➡(電気ポンプ水道の開発) ➡家庭用井戸ポンプ*イ)"水汲みから完全開放"
　➡井戸水使用不可となる井戸水の水質法規制化➡公共上水道
　　…人は"きついコト"から解放される"と"願望するコト"へと要求が変化する

(a2) 手洗い洗濯：
　盥＋洗濯板(冬の冷たい水での手洗いからの解放)
　➡電気洗濯機(渦巻式)(洗濯・すすぎ⇔手絞りからの解放)
　➡二槽式洗濯機(脱水付)(槽入替え等拘束時間からの解放)
　➡全自動洗濯機"洗濯からの完全開放"
　➡ライフスタイルの変化(共稼ぎ、帰宅が遅い等)住む環境の変化(室内に干す場所がない・排気ガス・花粉が気になる)より"新たな要求"「乾燥機能」よりそれらの家庭用に
　➡全自動洗濯乾燥機も発売される。

人は"きついコト"から解放されると更に楽を求め、次々と"願望するコト"がエスカレート

図表2-5　"不都合を感じるコト"からの"何を創るか"の創造

（a2）冬冷たく重労働な手洗い洗濯からの解放

①当初は盥と洗濯板により手洗いで洗濯していた。この作業は重労働で、特に冬の冷たい水での手洗いはきつい仕事であった。このきつい仕事からの解放を目指して、①「洗濯物を手動で回転させるドラム式」が18世紀直前に考案されていたが市民に価格・利便性の点で受け入れられず、普及に至らなかった。②渦巻式電気洗濯機が開発され、市民に価格・利便性等で受け入れられ、普及したので、冷たい重労働から解放された。しかし、洗濯・すすぎ後の手絞りからの解放を目指し、③脱水付二槽式洗濯機が開発され、人手による洗濯作業から解放された。さらに欲望は"槽入れ替え等拘束時間が嫌だ"とエスカレートし、④全自動洗濯機が開発され、洗濯の仕事から完全に開放された。

さらに、共稼ぎ・遅い帰宅等ライフスタイルの変化や、室外に干す場所がない・排気ガス・花粉が気になる等住居環境の変化により"新たな要求"「乾燥機能」の要望に応えた、⑤全自動洗濯乾燥機が開発される。

当初は"きつい仕事（冬の冷たいかつ重労働）"から解放するには"どうしたらよいか"を試行錯誤して、「手洗いの前後動作」から発想転換した「洗濯物を手動で回転させるドラム式」が18世紀直前に考案されていたが、製品の価格が高くて普及に至らなかった。

しかし「洗濯物を水で回転させる渦巻式」の電気洗濯機が開発と普及により、「冷たい・重労働」の嫌な仕事から90％解放された。製品の価格と利便性が市民に受け入れられる事が新製品の必須条件である。[12]

"不都合を感じるコト"は"苦境が生態系を進化させた要因"であったように、どの分野においても"不便解決が第一に人々の要求するコト"である。また、人々のライフスタイルや住む環境等の"市場の風"と"使える新技術"により内容が大きく変化する。

（B）生活を楽しみたいコトから"何を創るか"の創造

人々は衣食住の困ったコトから解放されると、図表2-6に示すように、"要求されるコト"は（b1）音楽や（b2）映像などの「生活を楽しむゆとりのコト」へと変化してくる。

（b1）音楽を楽しむコト

音楽は小鳥のさえずりなど鳴き声を真似する事から始まったとされ、民族固有の音楽を楽しんできた。民族・仲間と一緒に"与えられた音楽を楽しむコト"から、"自分好みの音楽を好きな時・処で楽しむコト"へと要求が技術進歩と共に変化してきた。

"要求される「楽しみたいコト」"➡➡"何を創るか"の創造

人々は衣食住の困ったコトから解放されると、"音楽(b1) 映像(b2)"など「生活を楽しむコト」へと"要求されるコト"が変化してくる。

b1) 音楽を楽しむコト：
　　音楽は小鳥のさえずりなど鳴き声を真似する事から始まったとされ、民族固有の音楽を楽しんできた。
- ＊コンサートや演奏会で"音楽を楽しむコト"が上層階級から始まった。
- ➡ラジオの誕生が音楽の文化を変えた⇔家庭で"音楽を楽しむコト"発見
- ➡"好きな音楽を好きな時に聴きたい"⇔レコード
- ➡"生の音楽会と同じ音質の音楽を家庭で聞きたい"⇔ステレオ装置
- ➡移動中に音楽を聞きたい⇔ウオークマン(テープ、CD)⇔レンタル
- ➡ { "自分好みの曲の最新アルバムを聞きたい"⇔ipod (iphone)
　　　 "自分好みの曲を高音質の音楽を楽しみたい"⇔ハイレゾ

b2) 映像を楽しむコト：
- ＊映画館で映像を楽しむコト⇔1958年ピークに観客数はカラーTV普及で20％に、70年以降15％で推移
- ＊家庭で映像を楽しむ⇔カラーTV東京五輪で大巾普及
- ➡家で新しい映像を楽しむ⇔VTR・LD・DVDレンタル・映像チャネル
- ➡"映画館並みの映像を楽しむ"⇔高精細TV、フラット大型画面TV
- ➡"好きな映像を好きな時に一人で楽しむ"⇔インターネット配信、ipad、スマートホン
- …"TVで与えられた映像を楽しむコト"は"自分で選んだ映像・大きく高精細な映像を楽しむ"や"何時でも何処でも映像を楽しむ"と要望は技術進歩と共に多様化している

図表2-6　"楽しみたいコト"からの"何を創るか"の創造

　当初は①コンサートや演奏会で"音楽を楽しむコト"が生活にゆとりのある「上流階級」から始まった。それがラジオの開発により音楽を楽しむ文化が変り、②家庭でラジオから流れる"音楽を楽しむコト"に変化した。さらに人々の"好きな音楽を好きな時に聴きたい"の要望に応える為、③好きな曲を好きな時に聴ける"音楽レコード"が開発され、"生の音楽会と同じ音質の音楽を家庭で聞きたい"の要望に応える為、④ステレオ装置が開発された。"移動中に音楽を聞きたい"の要望に応える為、⑤ウオークマン（テープ、CD、レンタル）がというように、次々と製品及びサービスのしくみが開発された。さらに要望はエスカレートして"自分好みの曲の最新アルバムを聞きたい"の希望をかなえるため、ipod（iphone）のハードとサービスが開発され、併行して自分好みの曲を高音質で楽しみたいとの多様なニーズに合わせて"ハイレゾ製品"へと展開されている。

　"音楽を楽しむコト"関連は演奏会よりスタート、楽しむ機器はラジオ⇒ステレオ装置・ウオークマン⇒ipod（iphone）と変化し、媒体もレコード⇒テープ・CD⇒ハイレゾデータと変遷しており、サービスのしくみも"音楽テー

プ・CDのレンタル⇒インターネットを利用した曲の配信サービスに発展している。

　人々が要望するコトは音楽の事例が示すように、「世の中の好みの動向や生活様式の変化」、「新技術による若者が利用する機器や利便な媒体の開発」が相互に影響し合って、音楽を楽しむ機器から始まり、音質の追求、媒体やサービスのしくみ等利便性の追求へと変遷している。したがって、市民生活の変化に伴う"人々の要求するコト"と"人々の願望を満たす可能性の新技術"に日々問題意識を持つことが先々"何が欲しくなるか"を創造する為に必要である。

(b2) 映像を楽しむコト

　映画館での映画鑑賞から始まった①"映画館での映像を楽しむコト"は1958年をピークに観客数が減り始め、カラーテレビジョン（TV）普及で20%まで大幅減少した。その後70年以降ピーク時の15%で横ばいに推移している。映像の楽しみ方は家庭用TVの開発発売（1952年）により変化を始めた。当初は家庭用TVの価格が高価（サラリーマンの年収額以上）であった為、一般市民に受け入れられなかったが、価格がサラリーマンの月収額にまで低下したことで、一気にTVが市民権を得て普及して、②家庭のTVで映像を楽しむコトに変化した。東京五輪を境にしたカラーTVの普及により、これにさらに拍車がかかった。人々の"新しい映像を家で好きな時に観たい"の要望に応える為、VTR・LD・DVDが次々と開発され、③家で好きな映像を楽しむことができるようになった。さらにVTR・LD・DVDのソフトの発売に併せ、新しい映像のレンタル・映像チャネルなどのサービスが始まった。映画館並みの映像を楽しみたいとのニーズに応える為、④高精細TV、フラット大型画面映像装置が開発された。さらに"好きな映像を好きな時に一人で楽しみたい"のニーズを捉え、ipad・スマートフォンなどを利用したインターネット配信サービスに発展している。

　"TVで与えられた映像を楽しむコト"に"自分で選んだ映像・大きく高精細な映像を楽しみたい"や"何時でも何処でも映像を楽しみたい"と要求が追加され、技術進歩と共に多様化している。

　映像を楽しむコトはフィルムの発明で映画映像文化が創られ、トランジスタの発明による白黒・カラーTVの開発によりTV映像文化に移り、トランジスタ技術から波及したイメージセンサビデオカメラ・TFT液晶パネルの開発により、家庭での高精細・大画面映像文化に進展した。また、映像の録画機能も機器VTR等と媒体テープ等の両面で次々と開発され、観たい時に好きな映像

を見る時代に進んだ。新しい映像を早く・好きな時に見たい欲望はエスカレートして、DVD他媒体のレンタルに加えてインターネット配信サービスなど人々の多様化のニーズに対応して考えられている。

(C) 夢を実現するコトからの"何を創るか"の創造

図表2-7に示すように、"鳥のように空を飛べたら"を実現したライト兄弟の「人類史上初の有人飛行成功」があるように"人々の夢"は新技術を開発するきっかけを創り、それにより新しい製品が開発されている。

(c1) 何時でも何処でも連絡・話したい

人々の"離れた場所の人と早く連絡・話がしたい"の夢は①有線電話の発明により叶えられた。しかし、当初は交換手が手作業で相手側と接続する為数十分単位の待ち時間が必要であった。この不便を解消して欲しいとのニーズに対し、②待ち時間数秒の自動交換機とダイヤル式電話器が開発された。

ビジネス環境が高速化され、外回り社員との緊急連絡を頻繁にしたいニーズに対応する為にポケベルが発売され、緊急連絡の必要なKeyマンに携帯させ、緊急時には最寄りの公衆電話より連絡させる方法が一時期とられた。しかし、最寄りの電話を探す不便さと直ぐに双方向の連絡がしたいニーズにより、無線による携帯電話が開発された。この携帯電話により"何時でも何処でも話した

"要求される「夢を実現するコト」" ➡➡ "何を創るか"の創造

"鳥のように空を飛べたら"を実現したライト兄弟の「人類史上初の有人飛行成功」があるように"人々の夢"は新技術を開発するきっかけを創り、夢が実現されている。

c1) 何時でも何処でも連絡・話したい
　　＊人々は離れた処の人に早く連絡・話したい➡有線電話の発明
　　⇔(交換手・待ち時間の不便) ➡「ダイヤル式電話器・自動交換機」に進化
　　⇔(外出者と連絡出来ない不便) ➡「ポケベル」
　　⇔(最寄りの電話を探す不便) ➡「無線+携帯電話」に進化
　　…"何時でも何処でも連絡で・話したい"夢の機能は実現された。
　　…人の願望はエスカレートし、その後「電話機能+インターネット機能+音楽・映像端末機能」と進化続けている。

c2) 思い出を共有したい
　　＊その時の人の写真を残したい➡写真乾板の発明
　　⇔(撮影時間長く不便) ➡写真フィルムの発明
　　⇔"撮った写真を直ぐ見たい" ➡インスタントカメラの開発
　　⇔(皆で共有に不便) ➡デジカメの発明
　　⇔撮った写真を直ぐ送りたい➡メールでの送受信➡携帯にデジカメ機能追加
　　…"思い出を共有したい"で発明された写真は媒体を「印画紙」から「電子データ+ディスプレー」へと変えながら、コダック写真の基本理念「思い出を共有し、人生を共有する」を進化させてる。

図表2-7　"夢を実現するコト"からの"何を創るか"の創造

い"夢の機能は実現された。さらに、人の願望はエスカレートし、その後「電話機能＋インターネット機能＋音楽・映像端末機能」と進化続けている。

　"離れた場所の人と早く話したい"の電話器としての"第一の欲しい機能"はそのままに、無線技術・携帯用の小形化集積技術の進化と相まって携帯電話文化に進み、インターネット通信技術の高速大容量通信化により、新しい音楽・映像端末としての機能が第二の機能に大きく成長している。若い世代にとっては今やこれが第一の主要機能になっているように、市場の変化や世代の違いで、要求されるコトが多様化している。

(c2) 思い出を共有したい

　人々の「その時の自分・家族・友達・風景の情景を残して置きたい」の夢を実現する為に①写真乾板が発明された。しかし、撮影時間長く、動けないなどの不便を解消する為に②写真フィルムが発明された。フィルムに撮影された写真は写真店で現像・焼増されないと見られない為"撮った写真を直ぐ見たい"のニーズより③インスタントカメラが開発された。フィルムに変わるイメージセンサーがトランジスタ技術から発明された、この新技術とその場ですぐ映り具合を確認したいニーズより、デジタルカメラが開発された。さらに「撮った写真を直ぐ送りたい」のニーズより、携帯電話器にデジカメ機能追加された。

　このように"思い出を共有したい"で発明された写真は媒体を「写真乾板」「フィルム＋印画紙」そして「イメージセンサー＋電子データ＋ディスプレー」へと変えながら、コダック写真の基本理念「思い出を共有し、人生を共有する」に進化させてきた。

　つまり、"夢を実現するコト"が人類の生活全般「文化、科学、医学、交通他」を進化させてきたと考えられる。"人が夢をみるコト"は人類の特権であり、文明を発展させてきたと云っても過言でない。

　したがって、現在の技術では実現不可能と思われる"人々の夢"でも貶さないで、大切にフォローする事が重要である。

インフラ分野で要求される"コト"

　インフラ分野（インフラ・生産設備）における「顧客の"欲しいコト（要求されるコト）"」は**図表2-8**に示すように、第一次産業革命以来、「生産設備で要求されるコトの主機能」を実現する機械・電気機器が主機として開発されてきた。インフラの生産設備における「顧客の"欲しいコト"」は、永いこと生産設備で要求されるコトの主機能を実現する機械・電気機器（主機）の名前

> **インフラ分野で要求される"コト"(機能)**
>
> *インフラ分野（インフラ・生産設備）における「顧客の"欲しいコト（要求されるコト）"」は、第一次産業革命以来、「生産設備で要求されるコトの主機能」を実現する機械・電気機器が主機として開発されて来た。
>
> *市場環境の変化に伴い、生産設備で生産される製品への"新しい要求"が追加される為、生産設備で実現する機能の向上「新しい機能」が要求される。
>   ➡製品へのユーザーからの生の要望を聴き、日々生産設備を使って製品改良に工夫している「顧客の製造現場での苦労」を顧客と一緒になって工夫する事が次の"インフラ分野で要求されるコト"を創造できる近道である。
>
> *インフラ設備で要求される機能を分類すると
>   ①生産設備で要求される機能を実現する機械・電気機器（主機）他の主機能
>   ②顧客が職場で"困っている・不自由に感じている"ことを解決してくれる機能
>   ③職場で顧客が夢・願望することを満たしてくれる機能
>   ④新技術が新しいコトを創りだす顧客も予想外の機能
>   ⑤市場の"風"を先取りした機能

図表2-8　インフラ分野で要求される"コト"（機能）

（例えば、製鉄圧延機、電動機等）で表現されて来た。

市場環境の変化に伴い、顧客が生産する製品に"新しい機能"が要求される為、生産設備に「新しい機能」が要求される。

製品へのユーザーからの生の要望を聴き、日々生産設備を使って製品改良を工夫している「顧客の製造現場での苦労」を顧客と一緒になって工夫する事が次の（D）"インフラ分野で要求されるコト"を創造できる近道である。

インフラ設備で要求される機能を分類すると①生産設備で要求される機能を実現する機械・電気機器（主機）中心の主機能、②顧客が職場で"困っている・不自由に感じているコト"を解決してくれる機能、③職場で顧客が夢・願望するコトを満たしてくれる機能、④新技術が新しいコトを創りだす顧客も予想外の機能、⑤市場の"風"を先取りした機能である。

(D)　"インフラ分野で要求されるコト"からの"何を創るか"の創造

図表2-9に示すように、インフラ設備における「顧客の"欲しいコト"」は、永いこと生産設備で要求される主機能を実現する「設備の機械主機名」（例：製鉄圧延機）で表現されてきたが、「生産設備機能の大幅向上ニーズに伴い、機械主機の進化だけで実現できる機能では不十分となった。この不十分を感じるコトを実現する為、「機械主機の機能＋制御・ITで実現する新機能」で対応する。

第2章　製品開発は何をどう創るかの設計工程が重要

> **インフラ分野で要求される"コト"の変化**
>
> ＊インフラ設備における「顧客の"欲しいコト"」は、永いこと生産設備で要求される主機能を実現する「設備の機械主機名」（例：製鈑圧延機）で表現されて来たが、「生産設備機能を大幅向上ニーズに伴い、機械主機の進化だけで実現できる機能では不十分となった。
> ➡不都合を感じるコトを実現する為、「機械主機の機能＋制御・ITで実現の新機能」で対応

> d1）鉄鋼分野の薄板インフラの例：
> 　＊従来の主機能：高品質の薄板を生産する圧延機能…圧延機械が主機
> 　⇒新機能：軽量化対応の超薄板化機能と表面光沢化（鏡面化）機能
> 　　…従来の圧延機械主機だけでの実現が限界になり、制御技術で新機能を追加
> 　➡「主機＋制御」が新しい主機能に移行…旧主機と密接連携機能が必要。
>
> d2）ジェットエンジンの例：
> 　＊従来主機能：小形・高信頼・高推力機能（3軸⇒2軸化等）…ジェットエンジン本体が主機
> 　⇒新機能：燃料噴射他燃費向上の制御新機能やリモート診断とメンテナンスによる何時でも飛べる新機能
> 　➡エンジン主機機能＋制御機能＋診断IT機能が新しい主機能に移行
> 　　単独主機での進化限界になったがエンジン主機は最重要機能のベースである。
>
> d3）電話システムの例：
> 　＊従来の主機：「有線固定電話器＋有線交換機」
> 　➡「無線通信網＋携帯電話端末」へ移行
> 　＊端末の電話機能⇒「電話機能＋インターネット機能（IT新機能）」に移行
> 　➡通信データ量・速度向上の「LTE」(Long Term Evolution)等
> 　　新機能が要求されるコトに変化している。

図表2-9　"インフラ分野で要求されるコト"から"何を創るか"の創造

d1）鉄鋼分野の薄板インフラの例：

　従来の主機能は高品質の薄板を生産する鋼板圧延機能であり、この"インフラ設備で要求されるコト"は「圧延機と主機の機械名」で呼ばれていた。最終ユーザーの製品の変化により、軽量化対応の超薄板化の新機能と表面光沢化（鏡面化）の新機能が要求されたが、従来の圧延機主機だけでの実現が限界になり、制御技術を加える事で新機能を実現した。その後、鋼板圧延分野では圧延主機との密着制御による「圧延主機＋制御」が新しい主機能となった。

d2）ジェットエンジンの例：

　従来主機能はジェットエンジン本体が実現してきた「小形・高信頼・高推力機能（3軸⇒2軸化等）」であった。最終ユーザーの航空会社の経済性や運用性ニーズにより、"ジェットエンジンに要求されるコト"は「燃料噴射他燃費向上の制御新機能やリモート診断とメンテナンスによる何時でも飛べる機能」の新しい機能が必要であった。この新機能はジェットエンジン単体では不可能であり、「エンジン主機能＋制御機能＋診断IT機能」の組合せの新しい主機能に

より実現した。

d3) 電話システムの例：

　従来の電話システムの主機能は「有線固定電話器＋有線交換機」が実現していた。何時でも何処でも話せる携帯電話への移行で、従来とまったく異なる新しい電話システムの主機能「無線通信網＋携帯電話端末」へ移行した。さらに端末の電話機能は従来の電話機能だけから「電話機能＋インターネット機能（IT新機能）」に発展し、さらに通信データ量・速度向上の「LTE」（Long Term Evolution）等新機能が要求されるコトに変化している。

インフラ関係では職場での生産性など困っているコトの要求が多い

　インフラ設備関係においては生産現場他の職場での生産性など困っているコトの要求が多い。企業での困っているコトの順位は景気動向や企業の経営方針と現場の意見などに大きく左右されるので、市場環境の分析と対象企業との協創・共同研究等の検討が重要である。今の技術ではできないと諦めている"実現できたら良いな～機能"等を語り合える仲間を作ることが何を創るか（真の要求）を見つける秘訣である。

　以上のように、人々は"不都合を感じるコト"から解放されると、"生活を豊かにしたいコト"へと進み、"人々の夢であるコト"へと展開されてきているように、時代と共に変わる生活様式で真に要求されるコトが大きく変わり続けている。したがって、景気・流行などの"市場の風"や新技術の動向等を分析して、狙う対象分野を絞り、先々変化して行く"市場が要求するコト（機能）"を予測して何を創るかの目標仕様設計をして、「目標仕様の設計情報」を創ることである。

2-2　新製品に「魅力・個性を持たせる機能」の設計情報を創造「機能設計」

新製品の目標機能を創る　①目標仕様に必要な機能を分析

　前工程で決定した「新製品目標仕様の設計情報」を基に新製品の魅力・個性を創る詳細な目標機能を設計する。

　"創るモノ（新製品）"への顧客の要求するコトや市場動向・新技術動向から決定した「目標仕様」より、目標仕様に必要な全体機能、製品に魅力・個性を発揮させるKeyポイント機能、及び全体機能を構成する主要機能を分析する

事から機能設計をスタートする。この「目標仕様を満足する為の必要機能、Key ポイント機能の分析」が"製品の魅力と個性"を創る上で最重要である。

目標仕様を満たす為に必要な機能を検討し、主要な機能を「A1・A2・A3…」と分析、市場ニーズから今後予想される新しい機能を「X1・X2・X3…」と分析、さらにそれら「主要な機能」「新しい機能」の要素機能「P1・P2・P3…」と分析して、新製品に必要機能を「An、Xn、Pn…」と整理する。

新製品の目標機能を創る　②製品の魅力・個性を創る機能

市場の動向や顧客の要求するコトの動向は同業者も分析・検討しているので、類似の製品仕様が開発されることが多い。したがって、目標仕様に必要な機能だけでなく、新製品としての魅力や個性を盛り込まなければならない。すなわち、前述で整理した必要機能「An、Xn、Pn…」を複数組合せて①製品の魅力を発揮する機能、㋺製品の個性を発揮する機能、㋩数年後、10年後も必要不可欠な機能とする「機能設計」をして、機能設計の初期工程で「新製品に必須な㋑㋺㋩機能」を定義する。

エアコンの主要機能と新しい機能創造の事例

図表2-10にエアコンの主要機能と新しい機能創造の事例を示す。エアコン主機能は図（A）に示すように①圧縮膨張蒸発熱変換機能、②除湿機能、③室

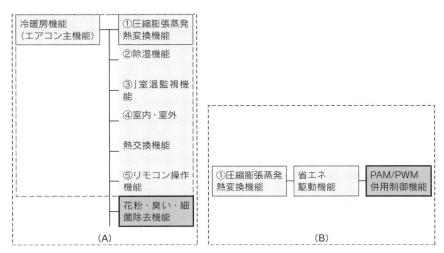

図表2-10　エアコンの主要機能と新しい機能創造の事例

温監視機能、④室内・室外熱交換機能、⑤リモコン操作機能等より構成されていた。

　省エネの根強いニーズに対応して、(B) に示す新しい技術「PAM/PWM併用制御機能」により省エネ率を向上する事で、①圧縮膨張蒸発熱変換機能の省エネ駆動機能に個性を発揮するエアコン製品に成長させる。また、類似製品に無い"新製品の魅力"を創る機能として、(A) に示す新しい技術「ナノイオン水ミストによる室内塵埃除去技術」を活用して「室内の花粉対策」や「ペット臭対策」に対応する新しいエアコン機能「花粉・臭い・細菌除去機能」を創った。

　すなわち、類似製品に無い新しい機能を創る事が新製品の魅力・個性を創り、市場で歓迎される製品に成長させる。

全体機能を要素機能で構成設計

　次に、図表2-11に示すように「分析して創った新製品の目標機能」を構成する数十～数百種の要素機能［A］［B］［C］…「N」に分割して、各要素機能を［A］［B］［C］…「N」と定義する。

　この「新製品に必要な要素機能を定義」する事が新しい設計プロセスの重要なポイントである。図に示すように「定義した要素機能［A］［B］［C］…「N」」を基準に機能設計以降、総ての工程、詳細設計、生産工程、製造工程で｛定義した機能［A］［B］［C］…「N」｝と1対1でリンクする。

　その結果、従来設計プロセスと異なり、ものづくり図面｛回路構成図・加工組立図｝が1対1で定義した要素機能［A］と一致しているので、設計財産とした既存製品の設計情報より新製品に必要な要素機能［A］［C］［F］…［N］をものづくり図面付で自由に選択して再利用できる。

　全体機能を定義した各種要素機能の組合せで構成する機能設計により「機能設計情報」を創る。この機能設計の工程で新製品開発において最も重要な「顧客に評価される製品付加価値」（表の競争力とも呼ばれる）となる"製品の魅力"と"製品の個性"を発揮する製品のKey機能を創る。

　また、この機能設計工程での重要なもう一つポイントは製品の全体機能を数十～数百の要素機能によりツリー構造で構成する機能設計情報を創ることである。全体機能を数十～数百の要素機能に分割することで、後工程では要素機能単位に分業化され、各要素機能単位に後工程の詳細設計・生産設計作業に展開できる。

第2章 製品開発は何をどう創るかの設計工程が重要

目標仕様設計 ➡ 機能設計			詳細設計 ➡ 生産設計	
新製品の目標機能	数十〜数百種の要素機能	要素機能[A]	[A]に1対1でリンク➡	[A]の詳細設計	[A]の詳細設計
		要素機能[B]	[B]に1対1でリンク➡	[B]の詳細設計	[B]の詳細設計
		要素機能[C]	[C]に1対1でリンク➡	[C]の詳細設計	[C]の詳細設計
		要素機能[N]	[N]に1対1でリンク➡	[N]の詳細設計	[N]の詳細設計
要素機能[A]	←モノづくり図面{回路構成図・加工組立図}が1対1で要素機能[A]と一致→		機能[A]の回路構成図モノづくり図面	機能[A]の加工組立図モノづくり図面

図表2-11　機能設計での要素機能に1対1で後工程にリンク

さらに、目標機能を要素機能「数十〜数百」に細かく分割し「機能［A］［B］［C］…「N」」と定義しているので、次の製品開発における「定義した機能」を再利用する機能設計の自由度が大きい。

水平分業に最適な"機能単位でモノづくり図面までリンク"

海外企業を含む多数の企業で分業する"水平分業型ものづくり"に日本のものづくりも移行してきた。

水平分業型ものづくりにおいては、前工程で決めた製品仕様機能等の設計情報を後工程の設計、及び製造現場ショップ単位でのモノづくりまでリンクされている事が必須である。

2-3 新製品を具現化する詳細・生産・品質保証設計工程

詳細設計

機能設計で製品の機能を設計すると、設計された機能を「ハードとソフトの組合せの製品」で具現するための回路図やハード・ソフト機能構成図や形状を詳細に設計する詳細設計工程に進む。詳細設計工程では機能設計で創られた機能設計情報「製品の全体機能構成と数十〜数百種の要素機能」より、各要素機能単位に1つ1つ詳細設計情報（回路・ソフト構成図や形状などの詳細仕様）

を作成する。

　従来の詳細設計では、開発設計経験と知恵を発揮できる「少数の優秀設計者」が"創造的設計作業"以外に、IT技術で変換できるような容易な設計作業まで作業していた。

　本書で述べる製品開発の設計方法「5設計工程法」の詳細設計では、「数十～数百種の要素機能」の単純な設計情報に分割設計されているので、容易にIT技術を活用して詳細設計情報に変換できる部分や新人でも分業できる部分を増やせる可能性がある。したがって、少数の優秀設計者の設計は必要な部分に集中し、プロジェクト員での分業化やIT化の可能性が増し、詳細設計期間の短縮が期待できる。

生産設計

　各要素機能単位で回路・構造構成等に変換された詳細設計情報を基に、各要素機能単位1つ1つを「部品やモジュール」に加工組立する生産情報、及び全体組立の生産情報に生産設計する。詳細設計情報からの生産設計情報への作成作業は、機能設計情報から詳細設計情報への作成作業よりさらに考える部分が少なく、IT技術の活用が期待できる。

品質保証設計

　各機能セル単位に前工程で設計された回路図面情報や機能セル単位に部品・モジュールから製作部品類を組立てる製品製作の設計情報より、必要な性能確認項目・品質確認項目を抽出し、試験仕様指示書を設計する。機能セル単位に設計された前設計工程の設計情報より生産設計同様にIT技術の活用が期待できる。

2-4　詳細設計・生産設計情報はIT技術による変換作業に革新

　新しい設計プロセスを①「新製品目標仕様設計」、②「機能設計」、③「詳細設計」、④「生産設計」、⑤「品質保証設計」の5設計工程法とする事で、「前工程で完成した設計情報に1対1でリンクして次工程の設計情報に活用する」ルールを確立できる。その為、①目標仕様設計の工程で新たに創り出された成果の「設計情報」を次工程以降において、次工程の設計情報に"変換"するという"考える設計作業"から"変換作業"へと革新できるようになる。②「機

能設計」は考える部分が多く、開発設計経験と知恵を発揮できる「少数の優秀設計者」の設計作業に委ねる必要があるが、現状のAIを含むIT技術で部分的にIT化変換作業に転換できることが期待できる。③「詳細設計」は考える部分も多少残るが、最近のAI技術を活用することでIT技術の変換作業化が期待できる。④「生産設計」の生産設計情報に必要な「部品・モジュールや生産設備等の情報」は常にビッグデータで日々アップデートされているので、これらの最新データを活用したIT技術活用で生産設計情報に変換が可能と考える。⑤「品質保証設計」も90％が既存製品の機能を踏襲する現在の製品開発では、既存製品の品質保証データと前工程からリンクされた設計情報より、IT技術で性能試験指示書等の品質保証設計情報に変換することが可能と考える

　したがって、5設計工程の内、後半の作業量の多い③「詳細設計」と④「生産設計」及び⑤「品質保証設計」はIT技術による変換作業に革新できる事が期待できる。

第2章のまとめ

(1) 以前の製品は有形物の製造で"ものづくり"と読んでいたが、近年の製品は有形物、無形物及びその組合せと多様化しているので、"モノ創り／モノづくり"（カタカナのモノ）と呼ぶ。

(2) 製品開発（モノ創り）の基本は「人々の抱える"危機""苦難"を解決する」「人々の願望を実現し、人々の生活を安全で豊かにして、喜びを与える」ことである。

(3) モノ創りの考え方は環境に順応し、技術・機能を進化させ、市場と調和するということ。そこで「順応」「進化」「調和」の三要素をモノ創りコンセプトとする。

(4) モノ創りの本質は「設計情報の創造」であり、これで"製品の性能・魅力・個性"と"製品の品質・コスト"を決める。

(5) 従来の設計プロセスは㋑「企画設計」㋩「構想設計」㋭「詳細設計」の3工程で、上流工程からのリンクが無く、IT化ができなかった。

(6) 新しい設計プロセスは機能設計で定義した機能セル単位に前工程成果➡次工程に1対1でリンクする5設計工程ⓐ「目標仕様設計」ⓑ「機能設計」ⓒ「詳細設計」ⓓ「生産設計」ⓔ「品質保証設計」とした。

(7) 「目標仕様設計」での"何を創るか"の創造が、市場で歓迎される新製品になるかを左右する最重要な工程である。

(8) 目標仕様に必要な機能を組合せ、㋑製品の魅力を発揮する機能、㋺製品の個性を発揮する機能、㋩数年後、10年後も必要不可欠な機能を盛り込んだ目標機能を創る。

(9) 新しい設計プロセスにより、前工程情報を次工程情報に"変換"する「"考える設計作業"から"変換作業"」への発想革新によりIT化が加速できる。

第3章

「寿命ある物」での設計から「機能セル」での設計へ

　従来のものづくり設計は部品・モジュール等"寿命ある物"を組合せて、製品製作の「ものづくり図面」を作成した。しかし、寿命ある部品・モジュール等の有形物は時間経過で進化／変化するので、これで設計された設計情報も経年変化で陳腐化してきた。そのためこの設計方法で作成した「ものづくり図面」を標準化して設計財産にする方式は失敗した。

　そこで、この「ものづくり図面」を再利用できない問題を解決する手がかりを40億年、永続的に発展してきた"生態系のしくみ"に求め、「生物は環境に順応して進化する"機能細胞（Cell）"の組合せで構成されている」を貴重な教えとして、「経年変化の影響を受けないで永続的に残る"機能セル"で設計するモノ創り方法」に到達した。経年変化の無い「機能セル」で設計することで、機能セル単位に後工程にリンクできるので、「機能セル」で構成される設計財産から開発する新製品の必要機能を自由に選択し、利用することが期待できる。[13] [14]

1 従来のものづくり設計「部品・モジュール等寿命ある物での設計」

　従来の「ものづくり設計」は、2章で述べたように「何を創るか」で決定した"新製品の目標仕様"をどのような詳細仕様で創るかの基本仕様と構想を設計する構想設計工程及び、製品を「どのように創るか」を決める回路構成図・製作加工図などを設計する詳細設計工程で行われていた。

　また、1章の2節で述べたように90年代以降は新ジャンル製品の開発から既存製品に新しい機能・仕様を追加する新製品の開発へと製品開発の方法が大きく変わった。

　「既存製品に新しい機能・仕様を追加する新製品開発」における従来の開発設計の流れを図表3-1の「寿命ある物」で「ものづくり図面」を作成する従来の開発設計事例で説明する。

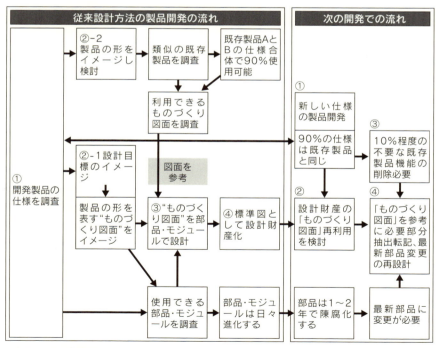

図表3-1　「寿命ある物」で「ものづくり図面」を作成する従来の開発設計事例

最初に①開発製品の仕様を調査分析する、②-1設計目標のイメージを「製品の形を具現する"ものづくり図面"イメージ」で検討する。併行して②-2「製品の形をイメージして➡類似の既存製品を調査➡既存製品AとBの仕様合体で90％使用可能を分析➡利用できる「既存製品のものづくり図面」を調査する。③前段階で検討した「製品の形をイメージした"ものづくり図面"」を「既存製品のものづくり図面」を参考に"部品・モジュール等寿命ある物""顧客の固有仕様"を用いてものづくり図面として設計する。④新しく設計した"ものづくり図面"を標準図として設計財産化する。

　このように、最新のものづくり図面を設計財産化した後の開発の流れは①開発製品の仕様を調査、②設計財産の「ものづくり図面」再利用の検討、併せて③既存製品との仕様差異を分析し「90％の仕様は既存製品と同じと分析」➡既存製品（＝ものづくり図面）に含まれる10％程度の不要な機能の削除が必要となる。また、部品・モジュールが日々進化するので部品は1～2年で陳腐化する為、最新部品への置き換えも必要となる。上記の2つの理由により④設計財産の「ものづくり図面」はそのまま利用できない。その結果、「ものづくり図面」を参考に必要部分を抽出して転記、及び図面上の部品を最新部品に置き換え再設計が必要となる。

　この利用できない第1の原因は**図表2-11**で示したような「機能セル」基準で設計し、後工程に1対1でリンクできていないことにある。

従来の開発設計工程プロセス

　従来の開発設計の詳細な設計方法と流れを**図表3-2**に示す。図ではインバータ装置開発の事例を用いて、具体的な設計作業と設計方法を説明する。図に示す最初の製品企画設計工程で新製品の目標仕様として、市場の経済状況と電力半導体素子の進歩により「大容量2千KVAインバータの開発」を決定すると、目標仕様をどのように創るかの構想を次の構想設計工程で検討する。

従来の構想設計工程

　従来の設計方法では、設計者は第1に「類似の既存製品」をイメージして全体構成を基本検討する。次に「新技術で開発された新部品・モジュール製品」が新製品のKeyポイントとなる新しい目標仕様の具現に活用できないか等を検討し、基本構想設計書・詳細仕様書を創る。

　具体的には、「寿命のある物や顧客固有仕様で創る設計方法」で設計された

設計プロセス	設計作業	
	設計作業の主要項目	具体的な設計作業と設計方法 (インバータ装置開発の事例)
㋐製品企画設計	何を創るかを考え、新製品の目標仕様を創る	市場の経済状況と電力半導体素子の進歩及び顧客の要求仕様より「大容量2千KVAインバータの開発」を決定
㋑構想(基本)設計	仕様・基本構想を考え、基本構想設計書・詳細仕様書を作る	類似の既存5百kVA製品と新技術から千アンペア大容量IGBT素子によるインバータ開発の基本構想仕様書を「部品・モジュール等寿命ある物」の構成方法で作成
㋒詳細設計 ①詳細構成設計	回路・構造等を考え、回路構成等の詳細構成図面を作る	既存5百kVA製品の3レベルIGBTインバータ回路構成図より、2千kVAに大容量化の為、新IGBT素子を4並列接続する回路構成図と水冷却構造図等を作成
②部材設計	回路構成図、構造図に適した最新部材を調査決定する	回路構成図・構造図に適した新IGBT・周辺部品と水冷却部品を最新部材資料より既存製品の図面を参考に選択決定
③部品製作設計	回路構成・構造図から既存図面データを参考に部品製作図面を作る	既存製品の図面を参考に回路構成図・構造図と選択決定した部材を用いて部品加工・組立の部品・ユニット製作図を作成
④製品製作設計	回路構成・構造図、部品製作図から既存製品を参考に製品製作図面を作る	既存製品の図面を参考に回路構成図・構造図より前工程製作の部品・ユニットを用いて製品の組立製作図を作成
⑤品質・試験設計	構想設計書、詳細構成設計書から確認試験仕様指示書を作る	構想設計書・詳細構成設計書より、必要な性能確認項目・品質確認項目を抽出し、試験方法付の試験仕様指示書を作成

図表3-2 従来のものづくり設計「部品・モジュール等寿命ある物」で設計

「類似既存5百kVA製品」の「IGBTインバータユニット」、「素子を冷却する冷却フィン」、「主回路を制御する制御モジュール」、「収納する筐体」など主要構成部分を参考に新製品の全体構想を検討する。併せて、目標仕様の大容量化を実現する新技術を調査する。新製品は従来容量の4倍の2千kVAに大容量化が必要であり、新技術として「最新の大容量千アンペアIGBT素子」と「水冷フィン・モジュール」が検討される。これら新技術と既存製品の構成方法を用いて、大容量IGBTインバータ開発の基本構想仕様書を「部品・モジュール等寿命ある物」で構成する従来の設計方法で作成する。

本来、既存製品を構成している「直流⇔交流変換機能」や「インバータ出力周波数制御機能」などの機能で評価定義しなければならないが、設計者は変換機能を「IGBT変換モジュール」の"形ある物"で考える設計の仕方を受け継ぎ、疑問を挟むことなく長い間続けられてきた設計方法に従い、新技術の大容量IGBT素子を採用した構想設計をする。

このように、本来の機能でなく、「部品・モジュール等寿命ある物」を用い

て「製品を具現化する回路構成図・構造図等の"ものづくり図面"」をイメージしながら、これらの「寿命ある物」で設計する方法で新製品の基本構想を設計してきた。したがって、設計成果物である構想設計書も「部品・モジュール等寿命ある物」で構成された"ものづくり図面"となり、この構想設計書を標準図として設計財産化した。

また、構想設計の後工程である詳細設計工程の②部材設計以降の設計工程はものづくり現場に直接かかわる設計作業なので、ものづくり現場の作業区分け単位（例えば、部材設計の製缶加工作業、電線加工作業は部品単位、部品製作はユニット単位、製品組立作業は部品・ユニット組立の製品単位などの生産ショップ区分け）の加工・製作図にする必要がある。

従来の構想設計では全体の構想設計をしており、成果物の構想設計図面を「後工程の設計に直接リンクさせる」検討がされていなかった。

従来の詳細設計工程

詳細設計工程では①詳細構成設計、②部材設計、③部品製作、④設計製品製作設計、⑤品質・試験設計の順番で進められる。

詳細構成設計

詳細構成設計では前工程の構想設計で創られた構想設計図面に沿って目標仕様を具現化する為、回路構成や構造を考えて詳細構成図面や構造図を作る。既存5百kVA製品の3レベルIGBTインバータ回路構成図を参考に、インバータ電力容量が2千kVAに大容量化の為、大容量千アンペアIGBT素子を4並列接続する主回路構成とIGBT素子保護回路等の回路構成図を作成する。また、水冷フィン・モジュールについては1相分4並列接続の新IGBT素子とダイオードの電力損失の大きい部品を水冷フィンに実装する水冷却モジュール構造図を作成する。

この「寿命のある物や顧客仕様で設計する設計方法」で作成した「回路構成図」「構造図」が詳細構成設計工程での設計情報となる。このように、寿命のある物である「大容量千アンペアIGBT素子」や顧客仕様「2千kVAの固有仕様」で設計された回路構成図面を標準図として設計財産とする。しかし。標準図として登録された回路構成図に使われている「千アンペアIGBT素子」や「2千kVA」等の固有仕様は技術の進歩でのさらなる大容量IGBT開発や経済発展による設備の大型化により陳腐化する。

部材設計

　部材設計においては、前工程で創った回路構成図・構造図から、必要な部品・モジュールを製作するか、調達するかを検討し、回路構成図・構造図に適した「最新の大容量千アンペアIGBT素子」、「IGBT素子周辺部品」、「水冷却モジュール部品」を最新部材データより既存製品の図面も参考にして選択決定する。

部品製作設計

　部品製作設計工程においては回路構成・構造図から調達できない部品の製作を決定する。既存製品の図面を参考に回路構成図・構造図と調達部材を用いて加工・組立製作する「部品・ユニット製作図」を作成する。

　この設計工程においても「寿命のある物や顧客仕様で設計された回路構成図」を製品に具現化する「部品・ユニット製作図」を設計財産化する。

製品製作設計

　製品製作設計工程においては、既存製品の図面を参考に回路構成図・構造図より前工程で生産設計した部品・ユニットを用いて製品の組立製作図を作成する。

　この設計工程においても「寿命のある物や顧客仕様で設計された回路構成図」を製品に具現化する「製品の組立製作図」を設計財産化する。

品質・試験設計

　品質・試験設計工程においては構想設計書・詳細構成設計書より、必要な性能確認項目・品質確認項目を抽出し、試験方法付の試験仕様指示書を作成する。

　この設計工程においても「寿命のある物や顧客仕様で設計された構想設計書・詳細構成設計書」を基にした「試験仕様指示書」を設計財産化する。

　このように「寿命のある物や顧客仕様で設計された構想設計書」に従って、詳細構成設計・部材設計・部品製作設計・製品製作設計・品質／試験設計のものづくり図面に「寿命のある部品や顧客仕様」が含まれていることと、製品仕様を1対1で製品に具現するものづくり図面となっていることより、仕様機能が部分的に異なる新製品開発に、既存製品（新製品の90％仕様機能が同じ）の標準図をそのまま再利用することが難しくなっている。

製品開発には"最新の部品・モジュール"を活用

　新製品の開発には市場で開発された"最新の部品・モジュール"を活用する事が必要である。"部品・モジュール等形ある物"は技術進歩と市場ニーズにより日進月歩で性能が向上している。

　例えば、LSI等の半導体部品はムーアの法則「18〜24か月に集積度が2倍に進化する」に代表されるように激しい進歩を現在も続けている。その結果、半導体メーカにより1〜2年で「処理能力・寸法等性能及びコストの両面」が大幅に向上した半導体部品が開発される。「表示モジュール、無線伝送モジュール」等大半のモジュールは半導体部品を利用しているので、半導体部品の進化に従い性能、コストの両面の向上したモジュールが開発される。このように、市場（専門メーカ）が開発してくれる「性能・コストで優れた部品・モジュール」をいかに早く、かつもれなく利用する事が「市場の欲しがる新製品」を創る必要条件と考える。

寿命のある物で設計した設計財産は陳腐化が早い

　従来の設計方法では、「最新部品・モジュール等寿命のある物」を基準に設計されているので、各設計工程で設計された設計図面もすべて「最新部品・モジュール」が使用されている。

　最新の部品・モジュールは上述のように「1年位で新しい部品に変わる」速い進歩スピードである。逆の面から考えると進歩スピードの速い部品・モジュールは陳腐化も速いことになる。

　つまり、各設計工程で「最新の部品・モジュール」で設計された設計図面（構想設計書、回路構成図、部品加工製作図、組立製作図、試験仕様指示書）は1年位で陳腐化することになる。

　また、顧客や用途の固有仕様で設計された設計図面は他の用途・顧客には使えない。したがって、「寿命のある固有物や顧客固有仕様」基準で設計し、設計工程間リンク無しの「ものづくり図面」を標準図として設計財産化する従来の設計方法が、1章で述べた開発設計における「設計財産が経年変化で陳腐化して再利用できない問題」の第一の原因である。

各設計工程での1対1のリンク無しがIT化を阻害

　また、従来の設計区分分けが不明確な設計プロセスにおいては、各工程で創られた設計情報が次工程の設計作業に1対1でリンクされない設計方法である

ので、設計スタートの構想設計で定義した「基本仕様項目」と詳細設計以降の各工程で作成される「設計情報」とがリンクされておらず、「独立した設計情報」となっている。したがって、詳細設計の各設計工程「①詳細構成設計、②部材設計、③部品製作設計、④製品製作設計、⑤品質・試験設計」の設計において、最初に製品を定義した「基本仕様」の詳細項目とは1対1の対応ができなくなり、IT技術が得意な変換作業化など、設計のIT化を阻害する原因となっている。

新しいモノ創り設計「経年変化の影響を受けない寿命の無い"機能セル"で設計」

従来設計方法の問題点と対策の着眼点

　従来の製品開発の設計方法、プロセスにおいては前節で述べたような（1）「設計財産が経年変化で陳腐化して再利用できない」と（2）「前工程で創られた設計情報が次工程の設計作業に1対1でリンクしていない」ために生じる"ものづくり図面"は既存製品の仕様100％を実現する物であり、90％機能踏襲の新製品設計時もこの図面が使えないという問題がある。そしてそれが、製品開発の膨大な設計マンパワーと長い開発期間を必要とする大きな要因となっている。この2つの問題を解決する着眼点を検討する。

経年変化で陳腐化する問題

　（1）の「設計財産が経年変化で陳腐化して再利用できない」の問題は「"寿命のある物"で設計する設計方法」に起因している。そこで、形ある物は経年変化するが、形の無い"機能"は時間経過しても変化しないことに着目した。つまり人類が育んできた生態系を覗くと、40億年と永続的に発展してきた"生態系のしくみ"である「すべての生物は環境に順応して進化する"機能を持つ細胞（Cell）"の組合せで構成されている」が、新しいモノ創り「経年変化の影響を受けない永続的な"機能セル"を組合せて創る」に利用できることに気付く。したがって、"寿命のある物"で設計する替わりに「ツリー構造で組合せ構成して、目標仕様を機能で再定義（設計）する"機能セル"で設計する」ことにより成果物の設計情報も時間経過による陳腐化を防止でき、設計財産として再利用が可能となる。

「機能セル」で設計する新しいモノ創り方法

　形の無い"機能"が時間経過しても変化しない事に着目して考えた「「機能セル」で設計する新しいモノ創り方法」を図表3-3に示す。図に示すように新しい設計方法の製品開発の流れは従来の設計方法と異なり、ⓐ開発製品の目標機能の調査・分析から始める。次にⓑ目標機能を構成する「主要素機能」を複数種に分解する。ⓒ分解した各主要素機能が新しい機能かを判定する。ⓓ-1新しい①主要素機能各々に名前を付け設計BOM（Bill of materials）に仮登録す

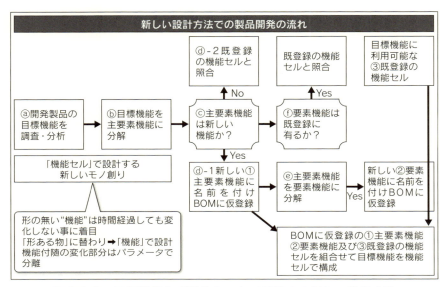

図表3-3　目標機能を「機能セル」で構築する新しい設計方法

る。併せてⓓ-2既登録の機能セルと照合する。次にⓔ各主要素機能を構成する要素機能に分解し、新しい②要素機能各々に名前を付け設計BOMに仮登録する。ⓕ分解した要素機能は「既登録の機能セルにあるか？」を照合する。

　これらの作業をすると、新規に登録した①各主要素機能、②各要素機能、及び③既登録の機能セルを組合せて目標機能を機能セルで構築する機能設計に進む。この機能設計の中で、機能セルに付随する「最新に進化する部品」「顧客固有のデータ」等の変化部分はパラメータ部として分離・定義し、それらを加えた機能設計情報を設計資産化の設計BOMに仮登録して、"機能セル"で設計する機能設計を完結する。

次工程に1対1にリンクできない問題

　(2) の「前工程で創られた設計情報が次工程の設計作業に1対1にリンクできない」の問題の原因は、設計プロセスの構想設計工程で既存製品のものづくり方法を踏襲して「寿命のある物や顧客固有仕様で作成したものづくり図面をイメージ（利用）」して基本構想設計書・基本仕様書を作る設計方法が第一の要因である。後工程の詳細設計工程において、開発設計に直接係る設計業務の基準となる構想設計での基本構想・基本仕様が後工程に1対1で直接リンクで

きる項目定義で無かった。その為、製品企画設計で決定した「目標仕様」と構想設計で決めた「基本構想・基本仕様」から全体構成に必要な詳細仕様・構成項目を決めながら詳細回路構成図などを作成して行く。この詳細仕様・構成項目を検討する過程で、開発製品の目標仕様に必要な機能がすべて網羅されていない事を見つけることが度々あり、仕様の変更を前工程に遡ってしなければならないなど詳細設計プロセスが煩雑となっていた。

そこで、(2)の対策A)として、前記(1)の対策「機能セルで設計」改革に合わせて、従来の「構想設計」工程に替えて、目標仕様に必要な機能を設計することを明確にした「機能設計」工程とした。図表3-3で触れたように、機能設計工程では目標仕様に必要な要素機能を分析して、各要素機能を機能セル定義、目標仕様をツリー構造の"定義した各種機能セル"で再構成して、機能の漏れがないことを確認する。

(2)の対策B)として、従来の図表1-1で示す詳細設計のプロセスが①詳細仕様を設計する詳細構成設計から②③④の製作仕様などの生産に関する設計に加えて⑤の品質・試験設計までと前工程とのリンクが不明確な工程となっている。そこで図表2-4に示したように、回路構成、構造構成等の詳細構成図を創る「詳細設計」工程、生産に関する設計をする「生産設計」工程、「品質保証設計」工程の新しい設計プロセスとした。

さらに、「生産設計」工程はモノづくり現場の作業ショップ単位に合わせて①部材設計、②部品製作設計、③モジュール製作設計、④製品製作設計の4工程に区分した。

新しい設計プロセス

2章の2節で触れた新しい設計プロセス「目標仕様設計」「機能設計」「詳細設計」「生産設計」「品質保証設計」の5つの基本設計工程、及び生産設計工程をモノづくり現場の作業ショップ単位に区分した4工程における設計作業の主要項目及び具体的な設計作業・設計方法を図表3-4に示す。

「目標仕様設計」工程では何を創るかを考え、新製品の目標仕様（インバータ装置開発の例）市場の経済状況と新技術の動向及び顧客の経済動向により「2千KVAを超える大容量電動機駆動システム」の開発を決定する。

「機能設計」工程では従来の「部品・モジュール等の寿命ある物を用いた構成・仕様の作成の考え方」に変えて、図表3-3のようにすべて機能で構成・仕様を創る考え方とする。すなわち、前工程で決定した「目標仕様機能」を分析

設計プロセス	設計作業	
	設計作業の主要項目	具体的な設計作業と設計方法 （インバータ装置開発の事例）
目標仕様設計	何を創るかを考え、新製品の目標仕様を創る	市場の経済状況と新技術の動向及び顧客の経済動向より「2千KVAを超える大容量インバータシステム」を開発
⇩前工程の設計情報と1対1で次工程に直接リンク		
機能設計	決定の目標仕様に必要な要素機能を分析、目標仕様を各種機能セルの組合せで機能設計	目標仕様に必要な機能を分析、目標を必要な要素機能をすべて「機能セル」として定義し、目標仕様をツリー構造の機能セルで構成する機能設計（変動仕様はパラメータ化）
⇩前工程の設計情報と1対1で次工程に直接リンク		
詳細設計	前工程で定義の各機能セル単位に回路構成、構造構成等の詳細構成図を作る	前工程で定義の各機能単位に回路・構造構成等に変換、例えばインバータ（直流／交流変換）機能➡3相IGBTインバータ回路図に変換（IGBT素子名、4並列化はパラメータ）
⇩前工程の設計情報と1対1で次工程に直接リンク		
生産設計 ①部材設計	各機能セル単位に必要な部材を後工程「調達ショップ」の作業図面に変換	機能セル単位に回路構成図・構造図に適した部材を最新部材データより選択調達図面に変換
生産設計 ②部品製作設計	各機能セル単位に必要な部品を後工程「部品製作ショップ」の作業図面に変換	機能セル単位に回路構成図・構造図に合わせて、部品加工製作の形状寸法を指定した部品作業図面に変換
生産設計 ③モジュール製作設計	各機能セル単位に必要なモジュールを後工程「モジュール製作ショップ」の作業図面に変換	機能セル単位に回路構成図・構造図に合わせてモジュール製作の作業図面に変換
生産設計 ④製品製作設計	上位機能セル単位に部品・モジュール組立の作業図に変換	上位機能セル単位に回路構成図・構造図より前工程製作の部品・ユニットを用いて製品の組立製作図に変換
⇩前工程の設計情報と1対1で次工程に直接リンク		

図表3-4　新しいモノ創り設計「永続的に変化の無い"機能セル"で設計」

して必要な要素機能を抽出する。目標仕様を実現するのに必要な抽出した要素機能をすべて「機能セル」として名称を付けて定義する。これら定義した各種機能セルをツリー構造で組合せ構成して、目標仕様機能を機能設計し、機能の漏れがないことを確認する。

　前工程の目標仕様機能の中には「電力容量2千kVAのように市場動向・顧客要求で変動する固有項目」のように、経年変化しない機能でない「固有仕様」が含まれることがある。経年や顧客により変動する「固有仕様値および項目」は機能定義と併せて、変動項目としてパラメータ定義して、製品開発に利用する度にパラメータ部分を再設定する。

第3章 「寿命ある物」での設計から「機能セル」での設計へ

　このように、目標仕様に必要な要素機能を分析、定義した機能セルをツリー構造で組合せ構成して、開発製品を「経年変化しない"機能セル"」で設計する事が新しい設計方法の第1の改革点である。

　「詳細設計」工程は、目標仕様を製品として具現化する為、使用部品・モジュール等を用いた詳細な回路構成・構造図を作成する工程である。従来の詳細構成設計では前工程作成結果とは1対1でリンクするのではなく、類似既存製品の継承と新技術から全体回路構成図や構造図などを直接作成していた。

　新しい設計プロセスの詳細設計では、前工程で定義した"各機能セル単位"に回路構成、構造構成等の詳細構成区を直接リンクして作成する。直接リンクするので前工程での定義を「機能セルを回路構成図等に変換」する作業とすると、例えばインバータ機能セルは3相IGBTインバータ回路図に変換する。機能設計で機能セルに付随するパメータとして定義された固有仕様「電力容量2千kVA」は、最新IGBT素子データと素子定格値／インバータ容量データより、「千アンペアIGBT素子適用と素子4並列接続」の3相IGBTインバータ回路図として、前工程の機能セルが1対1で直接リンクして変換される。

　詳細設計にて各機能セル単位で変換された「回路図などの詳細設計情報」は各機能セルの付随データとして定義され、名前を付けた各機能セルに詳細設計情報を紐づけする。

　「生産設計」工程では各機能セル単位に後工程の「部材調達ショップ」「部品製作ショップ」「モジュール製作ショップ」「全体製作組立ショップ」の各ショップに対応した生産作業図面に変換する。

　①部材設計では機能セル単位に詳細設計で変換の回路構成図・構造図に適した部材を最新部材データより選択して調達図面に変換する。②部品製作設計では機能セル単位に回路構成図・構造図に合わせて、部品加工製作の形状寸法を指定した部品作業図面に変換する。③モジュール製作設計では機能セル単位に回路構成図・構造図に合わせてモジュール製作の作業図面に変換する。④製品製作設計では上位機能セル単位に回路構成図・構造図より前工程製作の部品・ユニットを用いて製品の組立製作図に変換する。各工程で生産作業図等の変換された生産設計情報は各機能セルに紐づけされる。

　「品質保証設計」工程では各機能セル単位及び全体機能セルに必要な性能確認項目・品質確認項目を抽出し、試験方法付の試験仕様指示書に変換する。変換された試験仕様指示書の品質保証設計情報は対象の機能セルに紐づけされる。

このように、機能設計工程の後工程である詳細設計、生産設計、品質保証設計において各機能セル単位に各々設計情報に変換され、各機能セルに紐づけされる。その為、すべての設計プロセスの設計が完了した段階では、各設計工程で設計された「設計情報」が紐づけされている「各機能セル」が完成し、これは時間が経っても陳腐化しない設計財産となる。これにより設計財産の機能セルを選択して機能設計する事で詳細・生産・品証設計まで含んだ設計情報を作成する事ができるようになる。

第3章 「寿命ある物」での設計から「機能セル」での設計へ

 機能に付随する「用途により変動する部分と時々刻々進化する部分」は最新情報でリフレッシュ

機能セルの「機能部とパメータ部」の構成及び事例

　機能セルの構成定義と事例を図表3-5に示す。各機能セルは経年変化しない"機能"部分と時代・顧客により変化する"パラメータ"部分で定義する。例えば、図に示すように㋑の「家庭用エアコン」事例では、機能設計工程での必要な機能セル「エアコン冷暖房機能」を「経年変化しない主機能」として定義する。「経年変化しない機能」以外に機能に付随する「6畳用」や「寒冷地仕様」など用途により変動する固有仕様をパラメータで定義する。

　㋺の「WiFi無線端末」事例では、必要な機能セル「無線（WiFi）伝送機能」を「経年変化しない機能」として定義、「経年変化しない主機能」以外に機能に付随する伝送速度「2.4GHz」や「2.4GHz/5GHz切替」など用途により変動する固有仕様をパラメータで定義する。

　㋩の「2千KVAを超える大容量インバータシステム」の事例では、機能設計工程で目標仕様に必要な機能セル「大容量インバータ機能」や「大容量冷却システム機能」などの「経年変化しない機能」を定義する。目標仕様を機能セルで「経年変化しない主機能」と定義する以外に「2千KVAを超える大容量」という重要な固有仕様が付随している。この固有仕様は時代・市場動向や顧客仕様で変化するので、定義する機能セルに付随する"パラメータ"として「電力容量2千KVA」や「2千KVA損失回収」等の目標仕様を実現する為に設定する。

　また、詳細設計において、機能セルに統合される「回路構成等の詳細設計情報」も経年変化しない"機能"部分「3相IGBTインバータ回路」としてIT技術等で変換されるが、顧客や用途により変動する固有仕様「2千KVAを超える大容量」に対応して、使用するIGBT素子をパラメータとして「千アンペアIGBT素子」に設定、IGBT素子「4並列接続」に設定する。詳細設計及び生産設計工程の①〜④の部材設計、部品製作設計、モジュール製作設計、製品製作設計においては、目標仕様を製品に具現化する為に最新の部品・モジュールという経年変化の激しい固有仕様はパラメータとして定義して、機能設計で定義した機能セルに付随する設計情報とする。

69

目標仕様	設計プロセス	機能セル	
		"機能"部分（経年変化しない"機能"部分）	機能に付随する"パラメータ"部（時代・顧客により変化する部分）
家庭用エアコン	機能設計事例	エアコン冷暖房機能	冷却能力「6畳用」
			地域指定「寒冷地仕様」
WIFI無線端末	機能設計事例	無線（WIFI）伝送機能	伝送速度「2.4GHz」
			伝送速度「2.4GHz/5GHz切替」
2千KVAを超える大容量インバータシス	機能設計事例	大容量インバータ機能 大容量冷却システム機能	電力容量「2千KVA」
			「2千KVA損失」回収
	詳細設計事例	大容量IGBT素子採用「3相IGBTインバータ回路」	「千アンペアIGBT素子」
			IGBT素子「4並列接続」

図表3-5　機能セルの構成定義と事例

経年で変化するパラメータ部のリフレッシュ

　機能設計で必要な要素機能として定義された各機能セルは、後工程の詳細設計、生産設計、品質保証設計工程において1対1でリンクされ、各設計工程目的の設計情報に変換され、各機能セルの付随情報として定義される。設計完了で再定義された各機能セルには経年変化が激しい「最新の部品・モジュール」データが含まれており、メンテナンスを怠るとたちまち陳腐化してしまう。

　インターネット・ビッグデータの進歩している現在では、これらⓐ経年変化が激しい「部品等の最新データ」は容易にITを使って入手可能である。及び、新しい設計プロセス方法ではⓑ経年変化する固有仕様の入る「詳細設計以降の設計情報」は各機能セルから変換できる、この2つの特徴を活かして、各機能セルの経年変化が心配されるパラメータ部にIT技術を使って最新部品情報にリフレッシュし、各機能セルを最新のモノとしておくことが重要である。

　このルールは、生態系が何十億年と永続的に発展してきたしくみである"細胞の機能を常に最新状態に進化させる（細胞の機能が最新状態に進化することにより、病気にかかった細菌に対抗する機能を持ち、病気の再発を防いでいる）"が教えている最重要なルールである。

　また、**図表3-5**に示す「電力容量2千kVA」は顧客要望仕様であるので、顧客や用途により変動するので、「顧客・用途により変動するパレメータ部」は新たな顧客や用途に製品開発する時に再設定することでアップロードする。

各機能セル単位での詳細・生産設計情報への変換や情報アップデートはITの得意分野

IT技術の進化、AIの応用展開の可能性

　コンピュータが誕生して以来、大型コンピュータから分散型サーバー、さらにマイコン利用のPCへと発展を遂げ、産業界においては生産現場のファクトリーオートメーション（FA）化、サービス現場の機能拡大等生産性向上やスピードアップを可能にしてきた。現在の情報技術（IT）はインターネットやスマートフォン、タブレット端末の急速な普及により産業界のみならず、日常生活や社会全体にも大きな変革をもたらした。

　しかし、設計作業のIT適用化比率が低い状態が続いている。**図表1-5**で触れたように、設計業務へのIT技術は古くから用いられていたCAD・CAEなどの設計支援に留まり、それ以上のIT技術の設計業務への拡大はされてこなかった。これは設計作業が「人の知恵を使い考える作業」と位置付けされ、IT技術では難しいと決めつけて、設計作業へのIT技術展開のアプローチが不足していたからだ。

　近年、AI技術の展開が各方面で注目されており、AIの「会話できるロボット」「Pepper君」「Amazon Echo」等の実適用と高度化が進められている。このトレンドが仕事場にも及び始め、「社員に替わっての照会応答」などAIアシスタントがオフィスで使われ始めている。このように、AIが身近な生活に侵し、人気が上昇すると共に、AIがより"知的"になる為、モノ創りの現場でも利用、展開が期待される。

　産業の分野への展開例として、マーケティング部門で現在担当者が行っている「各種データを収集し分析」「最適なキャンペーン手法を提案」の業務もAIが代わりにやってくれるという「AI応用」が一部にみられる。熟練者によるデータ分析の勘所や、各状況に応じたデータ抽出や傾向の測り方などは非常に複雑な面が多々あるため、AIだからすべてが上手くいくとは限らない。しかし、大量のデータを蓄えて分析し、機械学習を重ねることで確率の精度を向上させていく、そうしたことが可能なAIだからこそ、人手では不可能な分野への着手、あるいは人手で行うよりも時間を掛けずに対応できるケースがある。AIに期待される重要な要素である「判断・処理」のソフト面のチューニングは、まだ熟練した人間の手によって可能な状況にある。すなわち、人とITが

共生関係で展開すればAIを含むIT技術が「人が知恵を使い考える」と位置付けされた設計作業に応用されると考えられる。

ITと人の得意分野と不得意分野

現状の技術状況からITと人の得意分野と不得意分野を整理すると**図表3-6**のようになる。

ITの得意分野はデータの転写・移し替え業務、同じ事を繰り返す業務、決められた順序で多数の設備に指令を出す業務、センサーを使った決められた高速処理業務、データ収集、膨大なデータからの統計分析業務などである。逆に不得意分野は、AIが急激に進歩しているが、新たな手順・しくみや新しい機能・製品を考えることである。

一方で、人の得意分野は多数経験に基づく熟練者の知恵が必要な「創造する業務」「機能設計、モノづくりの手順・しくみ創りなど創造業務」などであり、重要要素の「判断処理」を含む考える業務は人(その道のプロフェッショナル)の仕事として当分残ると考える。人の不得意分野は転記する業務、単調な仕事を繰り返す業務、大きなデータを取り扱う業務等であり、人はこのような業務を続けるとミスを繰り返し、作業リードタイムが長くなる。

そのためこのような「ITと人間の得意・不得意」を考慮した業務分担をすることが益々重要となる。

ITの得意分野	・データの転写・移し替え業務、同じ事を繰り返す業務 ・決められた順序で他多数の設備に指令を出す業務 ・センサーを使った決められた高速処理業務 ・データ収集、膨大なデータからの統計分析する業務
ITの不得意分野	・新たな手順・しくみを創る業務 ・新しい機能を創る業務 ・新製品を考える創る業務
人間の得意分野	・多数経験に基づく知恵が必要な「創造する業務」 ・機能設計・モノづくりの手順・しくみ創りなど創造の業務 ・重要要素の判断処理や考える業務
人間の不得意分野	・転記する業務、短調な仕事を繰り返す業務 ・大きなデータを取り扱う業務

図表3-6　ITと人間の得意分野と不得意分野

製品開発の業務を考えると、"市場の要求するコト"を実現するモノ創りは開発を多数経験した設計者の知恵が必要であり、また、製品競争力を決める"モノづくりの手順・しくみ"もモノづくりのプロの知恵が必要で、それらの知恵の良し悪しが自社の個性を持ったモノ創りを決定している。このような理由から"何を創るか""どのように安く生産するか"など製品開発の最重要な設計工程は人の得意な業務として定着し、IT化の検討もされず、人が単独でこなしてきた。

　しかし、"市場の要求するコト"の経年トレンドや世代別の好みなどの膨大な動向データの収集・分析はITが得意であり、分析結果から"何を創るか"の判断処理は人が得意であり、判断結果後の製品展開シミュレーションはITが得意とする。このようにITと人がそれぞれ得意とする分野を分担共生することが必要である。

新しい設計プロセス方法がIT化を加速

　図表3-4で示した5設計工程の新しい設計プロセスは「ITと人間の得意・不得意」の特質を利用する事を考慮した方法である。

　すなわち、人が得意とする「判断処理」に必要となる設計工程を初期工程の「何を創るかを創造する目標仕様設計」「新製品の魅力と個性を創る機能設計」に集中させる。膨大な設計業務が必要となる詳細設計、生産設計｛①部材設計②部品製作設計③モジュール製作設計④製品製作設計｝、品質保証設計の各設計工程では機能設計で定義された機能セル単位に次の設計工程の設計情報に変換する。例えば、詳細設計工程では前工程で創った各機能セルを回路構成図等設計情報へ1対1のリンクで変換する。さらに、次の生産設計工程では前工程で作成した「機能セル単位の回路構成図等設計情報」より部品調達図、部品加工図、製品製作図など生産設計情報に変換する。このように、新しい設計プロセスの方法が詳細設計以降の各工程設計作業を「ITが不得意な"考える・創造する"を必要とする作業」から「ITが得意な"機械的に変換する"作業」に変える。

人が独占してきた"モノづくりのしくみ創り"のIT化

　製品のコスト競争力を左右するはモノづくり現場の"モノづくりの手順・しくみ"であり、グローバルで競争するために日々進化させてきた。"モノづくりの手順・しくみ"の改善は人の得意とする分野と考えられ、モノづくり現場

のプロの技術者が請け負って、現場の知恵で造ってきた。モノづくりの重要な指標である生産リードタイム（LT）を短縮する為に、現場技術者の知恵で"モノづくりの手順・しくみ"を改善してきた。しかし、各作業工程のリードタイムをセンサーを使って収集・分析して科学的に"しくみの改善"することが必須となってきた、すなわち「分析するIT技術と改善判断する人との共生」の時代となってきている。AIの進歩により類似製品の手順・しくみからIT技術による変換が可能な時代が近くまで来ていると考える。

人が不得意な転記作業等の単純作業はすべてIT化

人にとって、転記作業や機能セルの機械的選択・結合などの分野は不得意な業務であり、ミスを起こしやすく、退屈な為作業効率が悪く作業リードタイムが遅くなる。このような分野はITが得意とする分野であるので、IT化することでミス・設計リードタイムとも大幅に改善できる。

第3章のまとめ

1) "生態系のしくみ"「生物は環境に順応して進化する"機能細胞（Cell）"の組合せで構成」に学び、経年変化の影響を受けないで永続的な"機能セル"で設計するモノ創り方法を提案した。
2) 従来は「寿命ある物」で新製品を設計してきた。しかし、「寿命ある物」で設計した"ものづくり図面"は"経年変化"で陳腐化して再利用できなかった。
3) 従来の設計前工程と次工程が1対1にリンクしてない為、各工程の「設計情報」同士のリンクが難しく、後戻りが発生することと、変換作業などのIT化も困難であった。
4) 経年で陳腐化する「寿命ある物での設計」に対し、形の無い"機能"は時間が経過しても変化しないことに着目して、"機能セル"で設計する新しいモノ創りを提案した。
5) "何を創るか"を設計することがモノ創りの最重要ポイントであり、市場の変化、世代、地域、新技術の動向等で変化する"顧客の欲しがるコト"を見極め"狙う分野""地域""世代"を決定する。
6) 機能設計が「新製品の魅力・個性を創る」重要な工程で、ポイントは新製品の全体機能を数十～数百の要素機能に分析し、目標仕様機能を定義した"機能セル"を用いてツリー構造で創る事である。
7) 「詳細設計」「生産設計」工程は機能セル単位に回路構成図・構造図及び製作図に変換設計をする。
8) 各機能セルは経年変化しない"機能"部分と時代・顧客により変動する"パラメータ"部分で定義する。
9) 経年で変化するパラメータ部を定期的にIT技術の活用でリフレッシュするコトが"機能セルで設計"の最重要なルールである。
10) 新しい開発設計方法による「機能セルから回路図等の変換作業」や経年で変動するパラメータのリフレッシュはITの得意作業であり、設計作業のIT化を加速することが期待できる。
11) ITの進化に対応して、「ITと人間の得意・不得意」を考慮した人とITの最適業務分担による共生がより大切になる。

コラム 生態系の不思議「2」{多細胞生物への進化}

　地球環境も穏やかで、生存を脅かす天敵も無く、永い繁栄で個体数は膨大に増えた。弱肉強食の世界で生存競争を勝ち抜き、さらなる繁栄の為には、大型化が必要であったが、大型化への進化は困難を極め、10億年近くの時間がかかる。

　生物は下図のように、仲間と合体して大型化する戦略をとり、今も生き残っているボルボックスのように、単細胞生物と多細胞生物の中間的生物と云われる数千個の体細胞が球体の表面に集まって、内側に約16個の生殖細胞をもつ、細胞群体の多細胞体制生物となった。

　細胞生物には食物摂取と酸素摂取が必要不可欠であり、単細胞であれば、常に細胞膜が外界に接しているので、細胞膜を通して食物摂取・酸素摂取が可能である。しかし、多細胞体制生物では大半の内側細胞は、細胞膜が外界に接していないので、食物・酸素摂取ができない。そこで、食物摂取や酸素摂取する為の器官＝消化器官や循環器官が必要になる。

　初期に役割分化した体細胞機能は①消化器官と循環器官、②群体細胞での生殖・仕事機能の分担、③一体活動に必要な細胞間連絡機能、④構成する複数細胞の接着機能など多数の課題解決が多細胞生物への進化のためには必要であった。生物はこれらの課題を5～10億年かけて解決し、現生物の基となる多細胞生物に進化した。

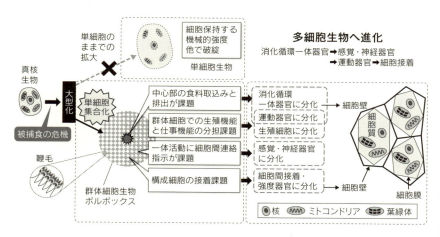

多細胞生物への進化過程（単細胞の群生からの進化）

第 4 章

目標機能を創るための機能セルと機能設計

　新しい設計プロセスにおける製品開発で重要なことは"何を創るか"を決める「目標仕様設計」と"新製品の個性・魅力"を創る「機能設計」である。
　目標仕様設計工程では、数年先・十年先の「顧客の欲しがるコト」を想定し、「"何を創るか"＝開発する製品仕様」を決める。この製品目標仕様を決めることが市場の風にマッチし、市場で歓迎される製品になるかどうかを左右する第1の重要な工程である。
　市場の動向や顧客の要求するコトの動向は同業者も分析・検討しているので、類似の製品仕様が開発されることは多い。したがって、次に重要な事は開発する製品に他社に無い「魅力と個性」を創る「製品に盛り込む"機能"」を分析、創造する「機能設計」の工程である。
　その為近年では、"新製品の個性・魅力"を決める「主要機能と機能構成」を創る事が、目標仕様設計の"何を創るか"より、重要度を増している。

"生態系のしくみ"から学ぶ"新しいモノ創りのしくみ"

　機能設計の先生である生態系に目を向けると、図表4-1の示すように、何十億年と厳しい苦境・環境に順応する為進化してきた動物は、主要な機能器官（心臓、肺等）ⓐの組合せで作られ、それら主要機能器官は機能組織（筋肉等）ⓑの組合せで作られ、機能組織は一つ一つが機能を持つ細胞ⓒの組合せで作られるという「ツリー構造の機能で構成するしくみ」を確立している。この生態系のしくみに学んだ新しいモノ創りのしくみは、機能設計では新製品を主要機能のⓐ「大機能セル」の組合せで構成し、その「大機能セル」を補助機能のⓑ「中機能セル」の組合せで構成、「中機能セル」を要素機能のⓒ「小機能セル（基本機能セル）」の組合せで構成する「製品をツリー構造の機能で構成」の方法を考えた。

　生物の機能細胞では、例えば皮膚の機能は変化せずに保持されるが、皮膚細胞自身は新陳代謝で日々変化する、併せて皮膚の対温度性も気温変化に対応し最適化している。このように生物は"機能を維持"し、"変動部分は最新にリフレッシュ"する。これに学び、各機能セルは"機能"を永続的に保ち、機能に付属する市場変化で"変動する部分"はIT化で日々最適化させる。機能セルで設計した設計情報は機能セルに付随する変動部分も日々最適化されるので、設計資産として永続的な再利用が期待できる。[15] [16]

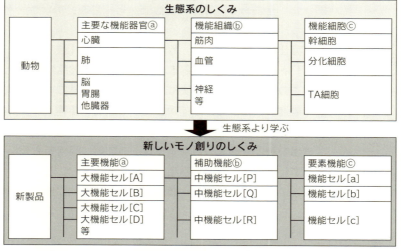

図表4-1　ツリー構造の機能細胞（セル）で構成するしくみ

第4章　目標機能を創るための機能セルと機能設計

新製品の目標機能の創り方

1-1 目標仕様に必要な機能を分析し、目標機能を創る

目標仕様に必要な機能を分析整理

　最初に前工程で「目標仕様」を決定した根拠①顧客が欲しがっているコト、②顧客が不都合を感じているコト、③変わり始めている市場の風、④市場の可能性を持つ新技術を考慮して、「目標仕様」に必要な主要機能を分析・整理する。次にKeyポイント機能㋑製品の魅力を発揮する機能、㋺製品の個性を発揮する機能、㋩数年後、10年後も必要不可欠な機能を分析・整理する。

目標機能の作成事例「FA生産システム」

　以前に顧客と共同開発した**図表4-2**に示す「市場の"風"を先取りし、顧客の夢を実現するFA：Factory Automation生産システム」を事例に目標仕様を

市場の"風"の先取り、顧客の夢を実現する「FA生産システム」の事例

【何を創るか（開発製品の目標仕様）】

生産量増減を市場ニーズに応じフレキシブルに増減でき、数年先にも機能的に最新であり続け、世界複数工場の各種技術者が操作できる「夢のFA生産システム」

＊顧客と一緒に"夢のFA生産システムの機能"を創造
「使用状況を熟知するお客」と「システム創りの専門家」との若手KeyManにより"将来のFA生産システム"への夢を語る会で「新しい機能を創造」

【"夢を語る会"で提案された"実現出来たら良いな～"機能】

①コンピュータ機能と高速シーケンサ機能を持つ小形コンピュータシーケンサ機能
②設備拡張と分散設備に対応する数台～50台のネットワーク分散配置システム機能
③各設備に数か所に分散するアクチュエータ・検出器と接続する分散入出力機能
④暗い現場で見える自己発光表示、3kg以下のプログラムツール機能
⑤ラダー言語＋現場向けFABASIC言語＋C言語＋設備動作を事前ソフト確認可能なフローチャート言語の現場の各業務担当技術者が選択使用できる多言語プログラミング機能
⑥壁掛け設備設定指示用パネルコンピュータ機能
⑦短期間で開発し、1年後には生産現場で稼働開始。

FA：Factory Automation

図表4-2　顧客の夢を実現する「FA生産システム」機能の創造

79

満たす為の機能の分析について述べる。

　FA生産システムの開発にあたり、生産量を市場ニーズに応じフレキシブルに増減でき、数年先にも機能的に最新であり続け、世界複数工場の各種技術者が操作できる「夢のFA生産システム」の目標仕様を顧客KeyManと決定した。

　数年先にも機能的に最新であり続ける「夢のFA生産システム」を開発するにあたり、「使用状況を熟知する顧客」と「システム創りの専門家」との若手KeyManが集まって、"将来のFA生産システム"への夢を語る会を開き、「できたら良いな〜！」と思う機能を討議した。

　当時新しいシステム機能が要求された背景は、（イ）16ビットマイクロプロセッサ（マイコン）の発売が起爆となり、IBMPCも普及してきてミニコン中心の中大規模で高価なFAシステムへの"飽き"が出始めて、新しい模索が始まりつつあった。（ロ）夢のFAシステムを要望してきたB社は買収した海外会社の世界中の海外工場をB社方針で改革する必要があった。主な要望機能はこの（イ）（ロ）の背景を基に、夢を語る会で図表4-2に示すような主要機能にまとめた。以下詳細を記す。

　①FAシステムに必要な「全体システムを制御するミニコンピュータの機能」と「個別設備を制御するシーケンサの機能」の両機能を持つ"小形コンピュータシーケンサ"機能を持たせる。この小形コントローラを最新のマイコン技術を利用して創り、数年先にも機能的に最新であり続けるためには、カスタムLSI技術を利用した世界最高速シーケンサ演算機能が必要である。

　②製品の売上拡大に生産システムを拡張対応でき、工場に分散する設備に対応できるように"分散配置システム機能"をもち、数台〜50台のコントローラを制御ネットワークと情報ネットワークで接続できる機能が必要である。

　③各設備に数か所に分散するアクチュエータ・検出器と接続する為、シリアルインターフェースの分散入出力機能が必要である。

　④作業者がほとんどいない、暗い生産現場で使われるので、分散した個々の設備用コントローラをシステム調整・保守するプログラミングツールは暗い処でも見える"自己発光表示機能"が必要である（注：当時はまだバックライト液晶表示が無かった）。また、分散されているシステムの調整・メンテナンスに技術者がプラグラミングツールを肩にかけて移動するので重さは3kg以下の携帯性が必要である（注：当時のハンディPCでも4kg程度）。

　⑤何か国もの海外生産工場に展開され、ⓐシーケンサ制御・ⓑパソコンソフ

ト・ⓒコンピュータソフト・ⓓシステム立上の各業務担当技術者がプログラミングツールで作業する。その為、ⓐ〜ⓓの各業務担当技術者が選択使用できるように、使用できる言語をⓐラダー言語＋ⓑ現場向けFA BASIC言語＋ⓒC言語＋ⓓ設備動作を事前ソフト確認可能なフローチャート言語の4種のプログラミング言語をサポートする機能が必要である。

⑥数十台の各設備を生産製品の品種毎に作業者が設定する為「壁掛けの品種替え設定指示用パネルコンピュータ機能」が必要である。

事例のように目標仕様に必要な機能を分析して、新製品の目標機能を創るのが機能設計の最初の工程である。

1-2 目標機能を構成する要素機能の分析

前節で述べたように、目標機能は「目標仕様」に必要な主要機能、製品を特徴付けるKeyポイント機能㋑製品の魅力を発揮する機能、㋺製品の個性を発揮する機能、㋩数年後、10年後も必要不可欠な機能を分析して決定した。

機能設計での次の工程は、①決定した目標機能に必要な主要要素機能を分析し、数十種の主要要素機能｛大機能B1・B2・B3…｝を定義する。さらに、②定義した各主要要素機能に必要な補助要素機能を分析し、数十種の補助要素機能｛中機能M1・M2・M3…｝を定義する。さらに、③定義した各補助要素機能に必要な基本要素機能を分析し、数十種の基本要素機能｛基本機能P1・P2・P3…｝を定義する。

前節の「FA生産システム」事例で決めた目標機能の1つである「小形コンピュータシーケンサ機能」の要素分析例を**図表4-3**に示す。「小形コンピュータシーケンサ機能」の主要要素機能｛大機能｝は図（A）のようにニーズの背景からⓐ全体システムを制御するミニコンピュータ機能とⓑ個別設備を制御するシーケンサ機能が必要である。さらにⓐⓑ両機能に必須な手足となるⓒプロセス入出力機能、さらに人とのインターフェースのⓓインターフェース機能、ⓐⓑ両機能のエネルギー源ⓔ電源供給機能等が必要となるので、それぞれを主要要素機能｛大機能｝として定義する。

次に図（B）のように、主要要素機能ⓐミニコンピュータ機能を補助要素機能｛中機能｝ⓐ1）CPU機能ⓐ2）メモリ機能ⓐ3）シーケンサ機能との連結機能ⓐ4）ネットワーク分散機能等に分割定義できる。

さらに、図（C）のように、補助要素機能｛中機能｝であるⓐ1）CPU機能

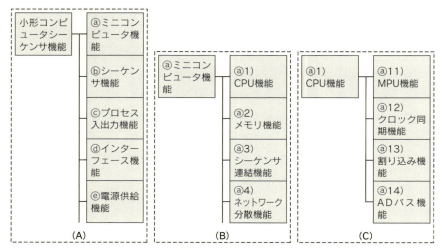

図表4-3 目標機能を構成する要素機能の分析事例

は基本要素機能｛基本機能｝ⓐ11）MPU機能、ⓐ12）クロック同期機能、ⓐ13）割り込み機能、ⓐ14）ADバス機能に分割定義できる。

このように目標機能に必要なすべての機能をツリー構造で、①数十種の主要要素機能｛大機能｝に分析定義、②各主要要素機能に必要な補助要素機能｛中機能｝に分析定義、③各補助要素機能に必要な基本要素機能｛基本機能｝に分析定義する。

第4章 目標機能を創るための機能セルと機能設計

 機能セルの創り方

2-1 目標機能に必要な要素機能に名を付ける

要素機能を機能セルと名付け、各要素機能を名前付けて定義

　製品機能を構成する要素機能を「生物が複数の"機能細胞（機能Cell）"で創られている」から学び、"機能セル（機能Cell）"と名付ける。生態系の全生物は"1つ1つが機能を持つ細胞"の組合せから成り立ち、生態系の強さの秘密は"進化機能を持つ細胞"であることに学び、要素機能を"進化機能を持つ機能セル"と定義し、"機能セル"にプロセル「"ProCell"：Progressive Cell（進化する細胞）」の別名を付けた。

機能セルに命名

　新製品開発の機能設計工程で新製品機能の構成に必要な新しい要素機能には新規に名前「□□□機能セル」を付けて機能定義して「機能セルのデータファイルとなる設計BOM」に仮登録保存する。製品機能に必要な要素機能はすべて「□□□機能セル」「○○○機能セル」「△△△機能セル」…と名付け、「設計BOMの機能セル・データファイル」に分類コードを付けて保存する。

機能セルの分類コード

　新製品を創る部門の状況により分類コードを決める。家電製品を作る大企業「H」の事例で述べる。H企業は家電製品事業以外にインフラ関係事業、IT関連事業等多方面の事業部門を持っている。また、家電製品事業部門では総合家電企業として多数の製品群を担当・開発していると仮定する。**図表4-4**に示す「エアコン機能」での機能分類コード事例を示す。

　分類コードは ｛1桁目は部門機能分類コード：アルファベット「A〜W」、2・3桁目は製品機能分類コード：数字「01〜99」、4・5桁目は製品の最上位機能レベル機能分類コード：「01〜99」、6・7桁目は製品の次の機能レベル機能分類コード：「01〜99」、8・9桁目‥10・11桁目｝のようにアルファベット＋数字10桁程度で定義する。

　図に示すように機能分類コードを最上位の1桁目から定義する。

83

機能分類コード「英字1桁＋数字10桁」					
1桁目	2・3桁目	4・5桁目	6・7桁目	8・9桁目	10・11桁目
アルファベット「A〜W」	数字「0〜99」	数字「0〜99」	数字「0〜99」	数字「0〜99」	数字「0〜99」
部門機能	製品機能	主要システム機能	主要大機能	主要中機能	基本機能等
家電部門機能「K」	エアコン機能「11」	圧縮膨張蒸発熱変換機能「01」	省エネ駆動機能「03」	PAM/PWM併用新機能「03」	インバータ機能「01」
		花粉・臭除去の新機能「21」			

図表4-4　機能分類コード「エアコン機能での事例」

1桁目は家電部門機能分類コードを「K」、2・3桁目は家電部門「K」で担当する製品TV、洗濯機、冷蔵庫など定義し、エアコン機能分類コードを「11」と決め、「K11」と定義する。

4・5桁目はエアコン機能「K11」の要素機能を分析し、圧縮膨張蒸発熱変換機能を「01」と決め分類コード「K1101」と定義、その他除湿機能は「02」、室温監視機能は「03」など、そして新しい「花粉・臭い・細菌除去機能」には「21」と決め分類コード「K1121」と定義する。

さらに6・7桁目は圧縮膨張蒸発熱変換機能「K1101」の要素機能を分析し、圧縮機能に「01」、媒体循環機能に「02」、省エネ駆動機能に「03」と決め分類コード「K110103」と定義する。

さらに8・9桁目は省エネ駆動機能「K110103」の要素機能を分析し、PWM制御機能に「01」、PAM制御機能に「02」、新しいPAM/PWM併用制御機能を「03」と決め分類コード「K11010303」と定義する。さらに10・11桁目はPAM/PWM併用制御機能「K11010303」」の要素機能を分析し、インバータ機能を「01」と決め分類コード「K1101030301」と定義する。

このように、機能セルの分類コードはエアコン機能「K11」、圧縮膨張蒸発熱変換機能「K1101」、省エネ駆動機能「K110103」、PAM/PWM併用制御機能「K11010303」、インバータ機能「K1101030301」と上位の機能〜基本要素機能までを機能分類コードで定義する。

2-2　機能セルの階層的分類

機能セルは規模により大・中・小に階層分類

前節で述べた目標機能に必要な要素機能を大きさにより階層で分類して、主要要素機能➡「大機能セル：BigProCell」、補助要素機能➡「中機能セル：MetaProCell」、基本要素機能➡「小機能セル：ProCell」、あるいは基本の要素機能なので「基本機能セル：ProCell」、単に「機能セル：ProCell」と名付ける。

大規模製品やシステム製品に適用する機能セルの考え方

開発する製品によっては「目標機能」が大規模になり、大機能セル、中機能セル、小機能セルの3階層分類では表せなくなる。大機能セルの上位を"システム機能"と呼び「Sys機能セル：Sys.Cell」、その上位を「K.Sys機能セル：K.Sys.Cell」さらに上位を「M.Sys機能セル：M.Sys.Cell」のように〇Sysの〇にK：キロ、M：メガ、G：ギガ、T：テラの単位の頭文字を付けて階層を拡張する。

機能セルの階層的分類事例

機能セルの階層的分類を**図表4-5**に階層構造の機能分類「エアコンの主要機能」の事例を示す。図に示すように横軸に階層レベルをK.Sys機能セル⇒Sys機能セル⇒大機能セル⇒中機能セル⇒小機能セルと上位から下位階層まで決める。

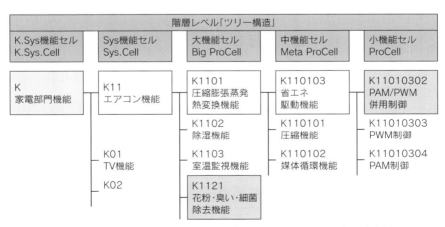

図表4-5　階層構造の機能分類「エアコンの主要機能の事例」

この事例では①最上位のK.Sys機能セルレベルの家電部門機能セル「K」を分類定義して、②家電部門として必要なSys機能セルレベルの要素機能として、ⓐエアコン機能セル「K11」、他TV機能セル「K01」等複数の要素機能セルでツリー構造を定義する。

　次に③エアコン機能セル「K11」に必要な大機能セルレベルの要素機能セルを圧縮膨張蒸発熱変換機能「K1101」、除湿機能セル「K1102」、室温監視機能セル「K1103」など、そして新しい「花粉・臭い・細菌除去機能」「K1121」などの機能セルをツリー構造で定義する。

　さらに④大機能セルレベルの圧縮膨張蒸発熱変換機能「K1101」に必要な中機能セルレベルの要素機能を分析し、圧縮機能「K110101」、媒体循環機能「K110102」、省エネ駆動機能「K110103」など機能セルをツリー構造で定義する。

　次に⑤省エネ駆動機能「K110103」に必要な小機能セルレベルの要素機能を分析し、新しいPAM/PWM併用制御機能を「K11010302」、PWM制御機能に「「K11010303」、PAM制御機能に「K11010304」、など機能セルをツリー構造で定義する。

　このように最上位のK.Sys機能レベルの「目標機能セル」からスタートし、定義した上位機能セルすべてを下位機能セルでツリー構造的に定義する。このツリー構造で機能構成を定義する事により、それぞれの機能セルがどのような要素機能セルで構成されているか明確にビジュアル化でき、後工程設計への効果が期待できる。

2-3　機能セルは常に最新情報にアップデートして新鮮さを保持

　従来、部品・モジュール等"寿命ある物"で設計してきて、標準化設計し回路図や構造図等を設計財産として再利用する事を繰り返し実施してきたが、設計の基準とした"寿命ある部品・モジュール等"が時間経過で進化／変化する為失敗してきた。そこで、3章で述べたように、時間経過しても変化しない「形の無い"機能"」で設計する新しいモノ創りを提案した。

　形の無い"機能"は時代や市場の変化に応じて"新しい機能"が必要となり、追加されるが、当初に"定義した機能"は時間経過しても変わる事なく永続性を保持する。その為、"機能"で設計した設計情報の設計財産は時間経過しても変化しないので再利用が期待できる。

第4章　目標機能を創るための機能セルと機能設計

　しかし、顧客の欲しい機能を製品として具現するモノ創り設計を進めると、**図表3-5**に示すように機能に付随する用途に関係する"固有仕様"｛エアコン「6畳用」「寒冷地仕様」等｝や技術進歩で日々進化する"固有仕様"｛無線伝送の「伝送速度」等｝が必要となり、これら"固有仕様"は用途・時間経過により変動する。

　また、新製品開発では市場が供給してくれる「新技術、最新の部品・モジュール」の活用が不可欠である。しかし、3.1節で触れたようにムーアの法則で進化する「最新の半導体部品・関連モジュール」は1〜2年で「性能、コストなど」が陳腐化する。

　折角、経年変化の無い"機能"で設計しても、このように付随する「経年変化で陳腐化する」「用途で変動する」固有仕様をそのままにすると設計された設計財産が従来と同じく再利用できなくなる。

　そこで、機能セルを①経年変化しない機能部分と②機能に付随し用途・時代で変動する"パラメータ"部分を分離して定義する。

　図表4-6に機能セルの機能部とパラメータ部とに分離する定義事例を示す。事例の「小形コンピュータシーケンサ」機能設計において、主要機能の変化しない機能部分は①「演算処理（CPU）機能」であり、付随する機能として開発時の②最新技術仕様「32ビット演算処理機能」「最新MPU部品"M68000xx"」がある。また、プログラミングツール機能の主要機能の機能部分は①「表示機能」であり、付随する機能として②開発時の暗い処でも見える自己発光型表示

目標仕様	設計プロセス	機能セル		
		①"機能"部分（経年変化しない"機能"部分）	②機能に付随し変動する"パラメータ"部	
			②1）用途により変化する部分	②2）日進月歩で進化する部分（陳腐化が速い）
小形コンピュータシーケンサ	機能設計事例	演算処理（CPU）機能	32ビット演算処理機能	最新MPU「M680000xx」
		表示機能	EL表示方式	S社「EL-512xx」
	詳細設計事例	メモリ回路機能	1MBスタテックメモリ	1MbitSRAM「HD128xx」8並列
ⓑ2千KVAを超える大容量インバータシステム	機能設計事例	大容量インバータ機能	電力容量「2千KVA」	新素子1000AIGBT採用を想定
		大容量冷却システム機能	「2千KVA損失」回収	
	詳細設計事例	「3相IGBTインバータ回路」	GBT素子「4並列接続」	「1MBI1200V1000xx」4並列

図表4-6　機能セルの"機能"部とパラメータ部とに分離定義事例

機能を持つ最新技術仕様「EL表示方式」「S社"EL-512xx"」があり、設計段階で決められる。さらに、機能部分①メモリ回路機能の詳細設計において、付随する機能として②「顧客要望の"1MBスタテックメモリ機能"」「最新部品"1MbitSRAM"HD128xx"を8並列」を設計段階で決められる。

2千KVAを超える大容量インバータシステム事例では機能設計において、主要機能の機能部分は①「大容量インバータ機能」であり、付随する機能として開発時の市場動向、及び最新技術仕様②「電力容量"2千KVA"」「新素子1000AIGBT採用を想定」が設計段階で決められた。また、機能部分①「3相IGBTインバータ回路機能」の詳細設計において、付随する機能として②「最新部品「1MBI1200V1000xx」を4並列することが設計段階で決められる。

図の機能に付随し変動する②"パラメータ"部を明確に定義する事が重要である。特に、②2）日進月歩で進化する部分は最新部品の固有仕様が含まれており、この部分は陳腐化が速いので、"パラメータ"部として定義し、設計財産となる機能セルのパラメータ部の定期的メンテナンスが必要である。

すなわち、イ）時間変動パラメータ部はIT技術で最新データに定期的にアップデートしておく、ロ）用途で変動するパラメータ部は再利用時に設定して使う事で時代・用途の影響を無くすことができる。

2-4 各機能セルに後工程の詳細・生産設計情報をリンク

図表3-4で示した新しいモノ創り設計プロセスにおいては、機能設計で定義した各機能セルは機能セル単位に後工程の詳細設計・生産設計に1対1でリンクする。

後工程の詳細設計では機能セル単位に各機能セルの機能を具現化する回路図や構造図等の詳細設計情報を作り、各機能セルの機能設計情報に付加する。これら製品を具現化する回路図等の詳細設計情報には最新の部品名やソフトデータ等固有仕様データが含まれているので、機能セルの機能設計情報に付加するときは、これら固有データは機能セル定義と同じように「機能部」と「パラメータ部」に分離して定義する。

さらに生産設計では各機能セル単位の機械加工や製作組立等の生産設計情報を作り、各機能セルの設計情報に付加する。生産設計情報にも最新生産設備等の固有仕様データが含まれているので、「機能部」と「パラメータ部」を分離定義しておく。

第4章　目標機能を創るための機能セルと機能設計

　さらに後工程の製品検査に必要な品質保証設計情報も同じように各機能セルの設計情報に付加する。
　後工程の詳細設計情報と生産設計情報をすべて付加し、各機能セルの設計情報には「機能部」と「パラメータ部」に分離定義された｛機能設計情報、詳細設計情報、生産設計情報、品質保証設計情報｝のすべての情報が統合され、設計財産化する。
　したがって、設計財産利用時に機能セルを指定すると、機能セル単位にモノ創り設計及びモノづくり設計のすべての設計情報を準備できるので、設計財産化した機能セルの再利用による機能設計をするだけで、既存製品から踏襲する90％程度の機能部分の「機能設計・詳細設計・生産設計・品証設計のすべての設計工程」を完結できる。その為、設計者は創造的業務である新しい機能を追加する開発設計作業に専念できる。

2-5　機能セルを市場に順応させて機能を進化させる

経年で変化するパラメータ部はIT化でリフレッシュ
　設計を完了し、各機能セルの設計情報に各種情報を付加する時に「詳細設計情報、生産設計情報」で定義されたパラメータ部には経年変化が激しい「最新の部品・モジュール」データが含まれており、パラメータ部のリフレッシュを怠るとたちまち陳腐化してしまう。
　これら経年変化が激しい「部品等の最新データ」はビッグデータの進歩している現在では容易にIT化でリフレッシュ可能である。

生活環境や新しい技術に順応した機能セルの進化が必要
　定義した"機能"は時間経過しても変化することなく永続的であるが、人々の要求するコトの変化や生活環境の変化や新しい技術の出現に順応した新しい機能が必要となる。
　新しい機能セルの創造（進化）は①発明や他分野で検討されている新しい技術を監視して、基本機能セルレベルの新しい機能セルを考え創造する、②人々の要求するコトの変化や生活環境の変化より今後欲しくなる機能を、大機能セルレベル以上の新しい機能セルを多種の基本機能セルを組合せて創造する。
　図表4-5のエアコンの新しい機能である「PAM／PWM併用制御機能」は自部門で活用されている技術「PAM制御技術」と「PWM制御技術」の組合せ

で"強い節電ニーズ"に対応する新しい機能の創造であり、「花粉・臭い・細菌除去機能」は花粉やペット臭やたばこの臭いに"多くの人が困っているコト"と新しい技術「ナノイオン水ミストでの塵埃吸収技術」を活用した新しい機能の創造である。

また、他分野の新技術展開や新しい機能動向を定期的に調べ、自部門製品への活用検討を市場が欲しがっているコトと併せて進める事が新しい機能の創造に繋がる。

例えば、この「ナノイオン水ミストでの塵埃吸収技術」を詳細に調べると塵埃・花粉・臭い・細菌以外にCO_2を除去する機能までに向上させることができる。そこで、多人数が集まる車内や室内の換気（CO_2濃度から建築基準法・鉄道車両規則で17～20m^3/h・人の換気必要）の改善、新しいCO_2削減機能に活用できる。

図表4-7に示すように、長距離移動の新幹線の車内は狭い空間に多人数（約100人／車両）が炭酸ガスCO_2を排出している。鉄道車両規則はCO_2濃度を1600ppm以下とする為、現在は車内空気を6分に一度の割で外部空気と入れ替える換気（30m^3／分）を行っている。せっかく冷暖房で快適な温度にされた

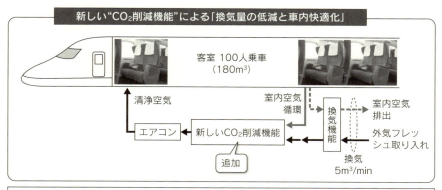

図表4-7　長距離列車車内の"新しい空気清浄機能"による車内快適化

室内空気を外気温の空気で入れ替えるため、冷暖房電力（夏期：75kW）を無駄遣いしている。そこで、「ナノイオン水ミストでの塵埃吸収技術」にCO_2・臭いも除去できる機能まで向上させて、車内CO_2削減の新しい機能に活用すると冷暖房電力を1/6に削減できる。同じように人が密集している事務所の換気の改善にも活用できる。

このように"人が困っているコト"を新技術や技術の組合せで解決できないかと検討することで、新しい機能を創り出せる。

生態系の不思議「3」{植物細胞が一歩先に進化}

20億年前ミトコンドリアを共生で獲得した真核細胞に光合成細菌が取り込まれた。取り込まれた光合成細菌のDNAは宿主「真核細胞の核内」の染色体に移動し、独立栄養型生物「植物細胞」の原型の真核生物に進化した。

そして10億年前に多細胞生物への進化段階で①消化循環②形状・保護③細胞接着④生殖等の機能を分担する器官細胞を創った。しかし、自分で養分をつくるため、紅葉（落葉）時等以外、外への排出物が無い為排出器官を作らず、不要物を貯める液胞を巨大化して、現在の200μm程度の植物細胞に進化した。

植物は陸上進出のため、2つ課題「地上で体を支える」と「水を吸い上げ隅々に配給する」の解決が必要であり、その進化のKey器官を細胞壁は果たした。2種の細胞壁、すなわち①セルロースとペクチン等でなる1次細胞壁が細胞の形状を保ち、②リグニンを沈着し木部に成長する2次細胞壁が樹木を支えるよう進化した。

一方、光合成細菌を取り込まず、他の生き物から養分を得て生きる従属栄養型生物として進化した動物細胞は、他から得る養分のエネルギー変換が悪いため、外への排出物が多く、排出器官（血管他）が必須となった。その器官を使って養分の配給する細胞壁の役目が不要となり、身体を支える細胞壁の替わりに骨格器官にて体重を保つ戦略をとり、葉緑体と細胞壁の無い現在の30μm程度の動物細胞に進化した。

3 機能設計

3-1 新製品の主要機能及び補助機能を機能セルで設計

　機能設計の第1工程（本章の1-1節で述べた方法）で新製品の目標機能を設計する。第2工程（本章の1-2節で述べた方法）で新製品の目標機能を分析し、目標機能に必要な主要要素機能をすべて分析設計し、次に前工程で設計した各主要要素機能に必要な補助要素機能をすべて分析設計し、さらに各補助要素機能に必要な基本要素機能をすべて分析設計する。

　第3工程（本章の2節で述べた方法）の前工程で分析設計した「目標機能に必要な要素機能」のすべてを「機能セル」として㋑機能を定義する、㋺名称を付ける、㋩機能部とパラメータ部を定義する。

　第4工程（本節）で目標機能を上記で定義した複数の「主要機能セル」を用いて構成設計する、ここで、定義した機能セルで製品の目標機能を再表現することで機能漏れの確認もできる。次に各主要機能セルを複数の「補助機能セル」を用いて構成設計する。次に各補助機能セルを複数の「基本機能セル」を用いて構成設計する。

　新製品の目標機能「夢のFA生産システムの機能」を事例に具体的な新製品の機能設計をしてみる。

　図表4-2で示す「"夢を語る会"で提案された"実現できたら良いな～"機能」より目標機能である「夢のFA生産システムの機能」は図表4-8（A）に示すように「小形コンピュータシーケンサ」機能セル、「分散配置システム」機能セル、「分散入出力」機能セル、「プログラミングツール」機能セル、「多言語プログラミング」機能セル、「パネルコンピュータ」機能セルの6種の主要要素機能セルで機能の構成設計をする。

　主要要素機能セルの「小形コンピュータシーケンサ」機能セルは（B）に示すように中心主要補助機能である「コンピュータ機能セル」と「シーケンサ機能セル」、及び「プロセス入出力機能セル」、「インターフェース機能セル」、「電源供給機能セル」の5種の補助要素機能セルで機能構成できる。同様に「分散配置システム」機能セル～「パネルコンピュータ」機能セルも補助要素機能セルで機能構成できる。

第4章 目標機能を創るための機能セルと機能設計

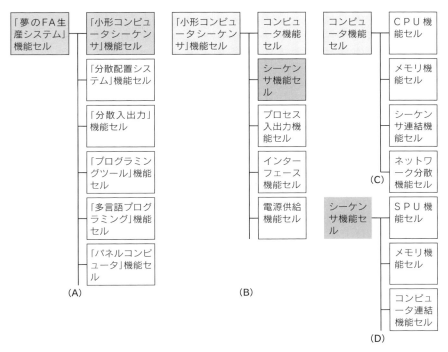

図表4-8 目標機能・主要機能を機能セルで構成設計

　中心主要補助機能である「コンピュータ機能セル」と「シーケンサ機能セル」を要素機能で機能設計すると、「コンピュータ機能セル」は（C）に示すようにCPU機能セル、メモリ機能セル、シーケンサ連結機能セル、ネットワーク分散機能セル等の要素機能セルで機能構成でき、「シーケンサ機能セル」は（D）に示すようにSPU機能セル、メモリ機能セル、コンピュータ連結機能セルで機能構成できる。

3-2 新製品の目標機能を「大・中・小機能セル」を用いてツリー構成で設計

　機能設計の最終の第5工程では、前節の第4工程において新製品の目標機能、主要機能及び補助機能のそれぞれを機能セルで設計した機能設計情報を基に、新製品の目標機能をツリー構成の機能セルとして機能設計に進む。
　引き続き、「夢のFAシステム機能」の事例で具体的に図表4-9を用いて機

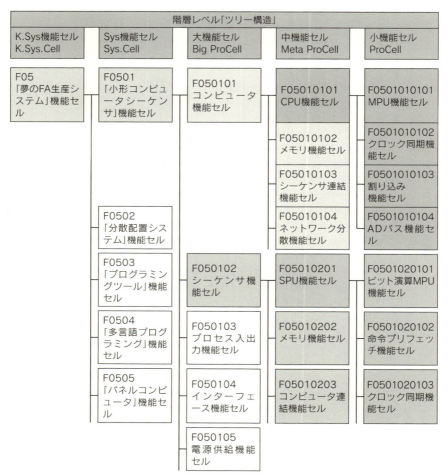

図表4-9 「夢のFAシステム機能」のツリー構造での機能設計例

能設計を述べる。機能設計は最上位機能セルレベルから下位機能セルレベルへと機能設計する。

最上位機能セル "K.sysセルレベル" の機能設計

新製品の目標機能「夢のFAシステム機能」を最上位機能セルのK.sysセルレベルに分類コードF05を付けて定義して、前節で設計した「夢のFAシステム機能」を構成する5種の主要要素機能セルで定義する。すなわち、主要要素機能セルの「小形コンピュータシーケンサ機能セル」に分類コード「F0501」、

「分散配置システム機能セル」に「F0502」、「プログラミングツール機能セル」に「F0503」、「多言語プログラミング機能セル」に「F0504」、「パネルコンピュータ機能セル」に「F0505」を付けてsysセルレベルに定義する。

次の上位機能セル"sysセルレベル"の機能設計

次にsysセルレベルで定義した主要要素機能セルの「小形コンピュータシーケンサ機能セル」「F0501」を構成する5種の補助要素機能セルで定義する。補助要素機能セルの「コンピュータ機能セル」に分類コード「F050101」、「シーケンサ機能セル」に「F050102」、「プロセス入出力機能セル」に「F050103」、「インターフェース機能セル」に「F050104」、「電源供給機能セル」に「F050105」を付けて大機能セルレベルに定義する。さらに、補助要素機能セルの「コンピュータ機能セル」「F050101」を構成する要素機能セルの「CPU機能セル」に分類コード「F05010101」、「メモリ機能セル」に「F05010102」、「シーケンサ連結機能セル」に「F05010103」、「ネットワーク分散機能セル」に「F05010104」を付けて中機能セルレベルに定義する。

さらに「メモリ機能セル」には機能部"メモリ機能"と用途固有仕様"IMbyteスタテックメモリ"があるので、機能部とパラメータ部の機能定義も併せて行う。

「シーケンサ機能セル」「F050102」を構成する3種の要素機能セル「SPU機能セル」に「F05010201」、「メモリ機能セル」に「F05010202」、「コンピュータ連結機能セル」に「F05010203」を付けて中機能セルレベルに定義する。

このようにsys機能セルレベルで定義した「F0501」〜「F0505」すべてを構成する要素機能セルに分類コードを付けて大機能セルレベルに定義する。

上位機能セル"大機能セルレベル"の機能設計

次に大機能セルレベルで定義した主要要素機能セルの「CPU機能セル」「F05010101」を構成する4種の小機能セルで定義する。要素機能セルの「MPU機能セル」に分類コード「F0501010101」、この機能セルには変動部があるので機能部"MPU機能"とパラメータ部"M68000xx"を併せて定義する。「クロック同期機能セル」に「F0501010102」、「割り込み機能セル」に「F0501010103」、「ADバス機能セル」に「F0501010104」を付けて小機能セルレベルに定義する。

「SPU機能セル」「F05010201」を構成する3種の小機能セル「ビット演算

MPU機能セル」に「「F0501020101」、「命令プリフェッチ機能セル」に「「F0501020102」、「クロック同期機能セル」に「F0501020103」を付けて小機能セルレベルに定義する。

　このように最上位機能セルレベルから次の下位機能セルレベルへと各機能セルの名称、機能部・パラメータ部を機能定義して、ツリー構造で機能設計する。このツリー構造で機能構成を定義する事により、それぞれの機能セルがどのような要素機能セルで構成されているか明確にビジュアル化でき、後工程設計での多人数分散設計等の効果が期待できる。

機能セルのファンクションブロックで目標機能を構成表記

　「夢のFA生産システム機能」の中心機能である「小形コンピュータシーケンサ機能セル」の要素機能セル間の関係を図表4-10のように「要素機能セルで構成される大機能セル」単位｛略して大マクロと呼ぶ｝で関係する大マクロ関係図を作ることで、製品の魅力・個性「コンピュータ機能とシーケンサ機能の融合一体化機能、独自の戦略Key技術による世界最高速ビット演算機能」をビジュアル化できる。併せて、各々の機能セルの関係を明確にビジュアル化できると共に、時代と共に進化する技術がどの機能セルにあるのかがわかり、時間経過で陳腐化する部分もビジュアル化できる。

　また、目標機能あるいは主要要素機能を複数種の機能セルで構成設計することにおいて、機能セル間の関係、｛例えば、「超高速の演算処理を必要とするSPU機能セル」はシーケンサ（S）機能セル内のC・S共有メモリをアクセスできるように、①プロセス入出力機能セルから入力するデータⓐを➡シーケンサ（S）連結機能セルのC・S共有メモリ機能セル➡コンピュータ（C）連結機能セル内のC・S共有メモリ機能セル➡のルートでC・S共有メモリに常時格納されている｝が定義してあるので、各機能セルのブロック間を接続する事で、IT技術により目標機能を構成設計できる。

3-3　機能設計情報の組立／具体事例

　次に、違う分野の新製品の目標機能をツリー構成の機能セルで機能設計する事例を述べる。

第4章 目標機能を創るための機能セルと機能設計

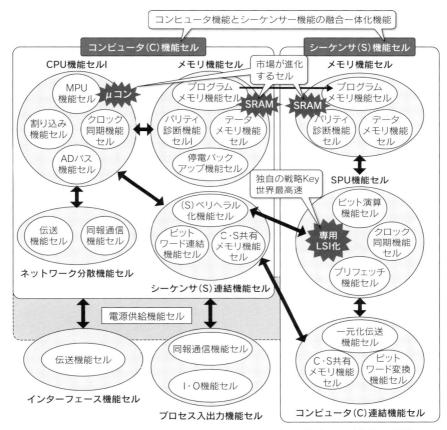

図表4-10 「小形コンピュータシーケンサ機能」の機能セル構成と機能セル間の関係

(1) エアコン機能の事例

本章の2-2節で触れた「エアコン機能」でのツリー構成の機能設計事例を図表4-11に示す。

最上位機能セル "sys機能セルレベル" の機能設計

「エアコン機能」には分類コードK11の他、用途対応の変動部があるので機能部"エアコン機能"とパラメータ部"6畳用、寒冷地用等の固有仕様"を併せて定義する

「エアコン機能」を構成する8種類の主要要素機能セルで定義する。主要要

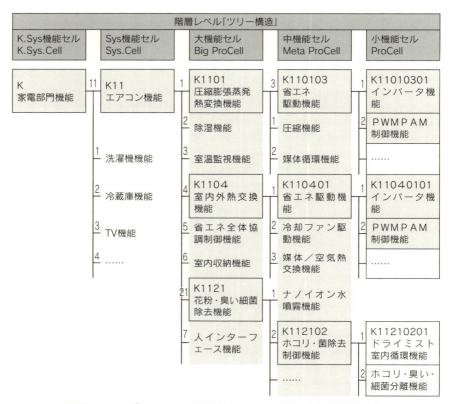

図表4-11 「エアコン機能」のツリー構造での機能設計例

素機能セルの「圧縮膨張蒸発熱変換機能セル」に分類コード「K1101」、「除湿機能セル」に「K1102」、「室温監視機能セル」に「K1103」、「室内外熱交換機能セル」に「K1104」、「省エネ全体協調制御機能セル」に「K1105」、新しい目玉機能「花粉・臭い・細菌除去機能セル」に分類コード「K1121」を付けると共に各機能セルの機能定義を行い、大機能セルレベルに構成定義する。

上位機能セル"大機能セルレベル"の機能設計

次に大機能セルレベルで定義した主要要素機能セルの圧縮膨張蒸発熱変換機能セル」「K1101」を構成する3種類の中機能セルで定義する。要素機能セルの「省エネ駆動機能セル」に分類コード「K110103」、「圧縮機能セル」に「K110101」、「媒体循環機能セル」に「K110102」を付けて小機能セルレベルに

第4章　目標機能を創るための機能セルと機能設計

定義する。また、「室内外熱交換機能セル」「K1104」を構成する3種の中機能セル「省エネ駆動機能セル」に「K110401」、「冷却ファン駆動機能セル」に「「K110402」などを付けて中機能セルレベルに定義する。新しい機能「花粉・臭い・細菌除去機能セル」「K1121」も構成する中機能セルで定義する。要素機能セルの「ナノイオン水噴霧機能セル」にも分類コード「「K112101」、「ホコリ・菌除去制御機能セル」に「K110102」などを付けて中機能セルレベルに定義する。

　分類コード「K110103」と「K110401」の2か所に定義されている「省エネ駆動機能セル」は機能部"省エネ駆動機能"は同じであるが用途仕様が"コンプレッサ駆動の大容量用途"と"熱交換ファン駆動の小容量用途"のパレメータ部の設定の違いだけで、パラメータ部を設定して利用する「同一機能セル」である。

上位機能セル"中機能セルレベル"の機能設計

　同じように、中機能セルレベルで定義した「省エネ駆動機能セル」「K110103（K110401も同じ）」を構成する3種類の小機能セルで定義する。要素機能セルの「インバータ機能セル」に分類コード「K11010301」、「PWMPAM制御機能」に「K11010302」、「PWM制御機能セル」に「K11010303」を付けて小機能セルレベルに定義する。また、「ホコリ・菌除去制御機能セル」「K112102」を構成する小機能セルで定義する。要素機能セルの「ドライミスト室内循環機能」に分類コード「K11210201」、「ホコリ・臭い・細菌分離機能セル」に「K11210202」などを付けて小機能セルレベルに定義する。

　このように最上位機能セルレベルから次の下位機能セルレベルへと各機能セルの名称、機能部・パラメータ部を機能定義して、ツリー構造で機能設計する事により、用途・容量など固有仕様が異なるが「同じ機能」を持つ「機能セル」が明確にビジュアル化でき、繰り返し利用できる。

機能セルのファンクションブロックで目標機能を構成表記

　「エアコン機能セル」の要素機能セル間の関係図を**図表4-12**に示す。新製品の魅力・個性「花粉・PM2.5問題で市場が欲しがっている機能とPAM/PWM併用技術で根強い省エネ機能に対応」をビジュアル化できる。併せて、各々の機能セルの関係を明確にビジュアル化でき、次に新しい機能を追加する「新製品開発」に有効である。

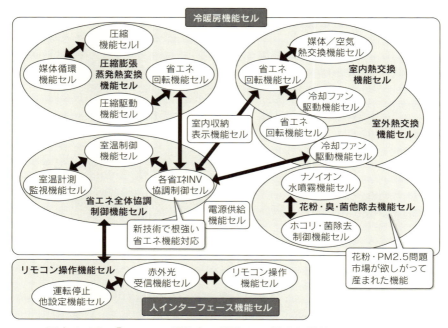

図表4-12 「エアコン機能」の機能セル構成と機能セル間の関係

(2) インバータ制御の電動機可変速駆動機能の事例

電動機の可変速駆動は大発明「トランジスタ」の延長で開発された電力半導体素子「サイリスタ素子（57年GE社開発）」により、製鉄圧延設備等産業設備用途に盛んに応用された。1984年に自己消弧素子「IGBT素子」が開発され、1000Aクラスの大容量素子まで開発され応用が盛んになった90年後半には、IGBTインバータ制御による電動機の可変速駆動機能の応用が加速された。その結果、インフラ分野の鉄道や電気自動車や産業機器などの駆動用途や産業設備・家庭電化製品の省エネ用途、加えて環境対策で世界中に展開されている風力発電設備用途等と、IGBTインバータ制御の電動機可変速駆動機能は身近の大半の機器に必要不可欠な機能となっている。さらに2010年代には20年ぶりに低損失が図れる新しい「SiCインバータ」の実用化が進められ、応用がさらに拡大する勢いにある。

駆動システム機能の圧延設備用途での機能設計事例

このように、応用が拡大し続けている「インバータ制御の電動機可変速駆動

第4章　目標機能を創るための機能セルと機能設計

機能」で、IGBTインバータ機能を当初より応用してきた圧延設備用途での機能設計事例を図表4-13（A）（B）を用いて説明する。この用途では極薄で表面滑らかな鋼板を造る為、高速な応答性、高い揃速性など厳しい性能が必要な事から可変速駆動機能の進歩に貢献してきたと考える。

　製鉄所の製鉄システムは図表4-13（A）に示すように鉄鉱石を製錬して銑鉄をつくる「高炉製鉄機能：分類コード"I"」から始まり、「I」で造る「鉄の湯」から厚い鋼板まで加工する「厚板鋼板圧延機能："A"」を経て「A」で造られた厚板コイルより極薄鋼板コイルに加工する「薄板鋼板圧延機能："S"」、変圧器や電動機の鉄心に使われるケイ素鋼板を加工する「ケイ素鋼板圧延機能："K"」等の各製鉄機能を24時間連続で連携運転する為の「生産管理システム機能："M"」などの機能から構成される。

　これらの中で○○圧延機能では、大容量の電動機可変速駆動システム機能が

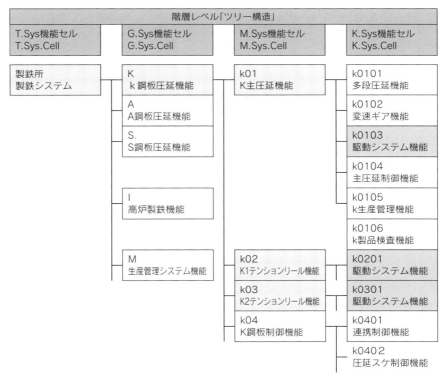

図表4-13（A）　「電動機駆動システム機能」のツリー構造での機能設計例（A）

主要機能を請け負っている。厚板鋼板圧延機能 {A} では1万kW以上の大容量の電動機可変速駆動機能が6〜7か所と2千kWクラスの中容量の電動機可変速駆動機能が数か所に加え、数kW〜数十kWの電動機可変速駆動機能が数百か所等で構成される。薄板鋼板圧延機能 {S} では5千kWクラスの大容量の電動機可変速駆動機能が5〜6か所と1〜2千kWの中容量の電動機可変速駆動機能が数か所に加え、数kW〜数十kWの電動機可変速駆動機能が百か所以上等で構成される。ケイ素鋼板圧延機能 {K} では3千kWクラスの大容量の電動機可変速駆動機能と1〜2千kWの中容量の電動機可変速駆動機能が2か所に加え、数kW〜数十kWの電動機可変速駆動機能が数十か所等で構成される。

比較的構成がシンプルなケイ素鋼板圧延機能を事例に詳細な機能設計を進める。

「ケイ素鋼板圧延機能」は、ケイ素鋼板を薄板まで圧延加工する「K主圧延機能 {k01}」、ケイ素鋼板コイルを既定の張力を掛けながらコイルを巻き戻す「k1テンションリール機能 {k02}」、ケイ素鋼板コイルを既定の張力を掛けながらコイルを巻く「k2テンションリール機能 {k03}」、ケイ素鋼板を目標厚さの薄板まで圧延加工する {k01} {k02} {k03} の機能を連携制御する「K鋼板制御機能 {k04}」で機能構成する。

「K主圧延機能 {k01}」「k1テンションリール機能 {k02}」「k2テンションリール機能 {k03}」は要素機能として「駆動システム機能」がそれぞれ必要となり、この「駆動システム機能」がk鋼板圧延機能で造るケイ素鋼板の品質と生産性を左右するKey機能となる。

「駆動システム機能」の"機能部"としては運転スケジュールに従った回転速度に制御する「インバータ制御の電動機可変速駆動機能」であるが、駆動動力容量が「K主圧延機能 {k01}」が3千kW、「テンションリール機能 {k02} {k02}」が千kWとパラメータ部だけが異なる。「K主圧延機能 {k01}」は「駆動システム機能 {k0103}」以外に多段ロールで硬いケイ素鋼板を薄板に圧延加工する「多段圧延機能 {k0101}」、圧延ロール（ワークロール）を強いトルク駆動する為の「変速ギア機能 {k0102}」、1パス圧延で所定の圧延率で圧延加工する制御等する「主圧延制御機能 {k0104}」や生産するケイ素鋼板コイルが決められた仕様を満たしているかを検査する「k製品検査機能 {k0106}」等の機能で構成する。「K鋼板制御機能 {k04}」はK連携制御機能 {k0401}、圧延スケ制御機能 {k0402} などの機能で構成する。

駆動システム機能の機能設計事例

ケイ素鋼板の品質と生産性を左右するKey機能である「駆動システム機能｜k0103｜」の機能構成設計を**図表4-13（B）**に示す。

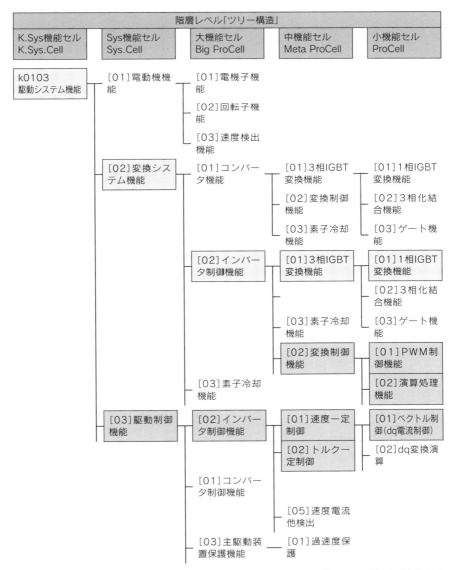

図表4-13（B）　「電動機駆動システム機能」のツリー構造での機能設計例（B）

「駆動システム機能 |k0103|」は「［01］電動機機能」、「［02］変換システム機能」、「［03］駆動制御機能」で構成する。

IGBT素子を適用したインバータ |直流電源➡可変電圧・可変周波数の交流電源に変換| PWM制御技術と交流電動機のベクトル制御技術により、駆動システム機能の性能を左右する機能は［01］電動機機能から［02］変換システム機能と［03］駆動制御機能に移行し、さらなる進歩は制御性能を左右する「MPU演算処理機能の高性能化」により［03］駆動制御機能が中心となる。

電動機機能の機能設計事例

電動機機能［k010301］は［01］電機子機能、［02］回転子機能、［03］速度検出機能などで構成する。交流電動機は50Hzもしくは60Hzの一定周波数・一定電圧で一定回転に適した設計を元々していた。図表4-14（A）のPWM（パルスワイドモジュレーション）交流波形のように破線の基本波成分は正弦波であるが、実際電動機に印加される電圧は正弦波とほど遠い「巾制御されたパル

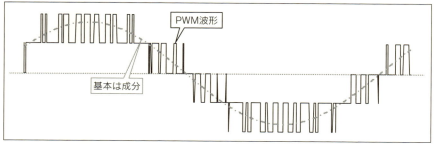

（A）PWM（パルスワイドモジュレーション）交流波形

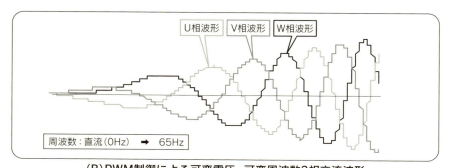

（B）PWM制御による可変電圧・可変周波数3相交流波形

図表4-14　PWM波形と可変電圧・可変周波数3相交流波形

ス波形」である事と（B）のPWM制御による可変電圧・可変周波数3相交流波形の交流電源で可変速制御する。

　この用途では可変速範囲のすべての周波数に対し交流電動機内部の磁気回路が最適とならず損失が増加していた。その為、電機子機能と回転子機能との"可変周波数運転での磁気回路損失"を改善する「鉄心への新しい機能」｛鉄心に用いるケイ素鋼板の特性を高磁束密度方向性に揃える機能（製鉄会社と共同開発）｝が新しい機能として進歩した、電気自動車等ではPM｛パーマネントマグネット｝を使った電動機の小形化が従来の1/2程度にまで進んでいる。

変換システム機能の機能設計事例
　変換システム機能［k010302］は商用の"一定電圧・一定周波数"交流電源➡所定電圧の直流電源に変換する「［01］コンバータ機能」と所定電圧の直流電源➡可変電圧・可変周波数の交流電源に変換する「［02］インバータ機能」、及びIGBT素子他のPWMスイッチイング損失等の変換損失による温度上昇を冷却する「［03］冷却システム機能」等の機能で構成する。

コンバータ機能とインバータ機能
　コンバータ機能には交流➡直流に変換する機能の他に、IGBTPWM新技術の活用により、電源交流波形を随意な位相にPWM制御できるので電源力率調整機能と高調波流出抑制機能等製品の魅力となるKey機能を創っている。
　インバータ機能には直流➡可変電圧・可変周波数の交流に変換する機能の他に、IGBTPWM新技術の活用により、交流可変速制御システムの魅力となるKey機能"ベクトル制御機能など"に必要な「電源電動機に印加する交流波形を随意に位相制御する機能」を創っている。
　コンバータ機能とインバータ機能は共に［01］3相IGBT変換機能、［02］変換制御機能、［03］素子冷却機能等の同じ機能で構成する。これらの機能の中の［02］変換制御機能は「交流➡直流に変換する機能」と「直流➡可変電圧・周波数の交流に変換する機能」のいずれの機能にも自在に切り替え制御できる。
　この機能により変換システム機能の｛コンバータ機能＋インバータ機能｝で双方向の変換機能「直流⇔交流変換機能」を創る。
　交流電動機を力行運転制御時には、コンバータ機能は「交流➡直流に変換する機能」で制御し変換した電力をインバータ部に供給する。インバータ機能は

「直流➡可変電圧・周波数の交流に変換する機能」で制御して、電動機に変換した電力を供給し目標回転数に制御する「力行機能」として動作する。

逆に、電動機を減速する等の回生運転時には、インバータ機能は「可変電圧・周波数の交流➡直流に変換する機能」で制御して電動機の回転エネルギーから変換した電力をコンバータ部に供給する。コンバータ機能は「直流➡交流に変換する機能」で制御して、変換した電力を商用交流電源に回生制御する「回生機能」として動作する。

コンバータ機能とインバータ機能で電力変換機能の主要要素機能を果す「3相IGBT変換機能［k0103020101］は［01］1相IGBT変換機能を中心に、3つの同じ機能を結合する「［02］3相化結合機能」、［03］ゲート機能などの機能で構成する。

変換制御機能

「変換制御機能［k0103020202］は**図表4-14**のPWM波形に制御する［01］PWM制御機能、基本波成分が正弦波形になるパルス幅を演算する［02］演算処理機能などの機能で構成する。

駆動制御機能［k010303］の重要な機能のもう一つである「インバータ制御機能［k01030302］は主圧延機能［k01］で必要な「［01］速度一定制御機能」、No1,No2のテンションリール機能［k02.k03］で必要な「［02］トルク一定制御機能」、その他速度・電流量等を検出する「［05］速度電流他検出機能」等で機能を構成する。これらの制御機能［k0103030201、k0103030202］は従来の直流電動機による可変速駆動制御技術で確立されてきた。

新しい交流電動機による可変速駆動制御機能では速度一定制御［k0103030201］を構成する要素機能が大きく異なる。

すなわち、［01］ベクトル制御機能（dq電流制御機能）であり、交流電動機に流す一次電流をベクトル量で制御する技術である。**図表4-15**でベクトル制御技術の概要を説明する、交流電動機の負荷に応じて必要なトルク ｛縦軸（q軸）トルク成分電流It｝ と動力に必要な磁束 ｛横軸（d軸）の励磁成分電流Im｝ を作るために供給する一次電流を図のようにベクトル量の電流「d軸から$\phi 1$角度の電流I1」と制御、また負荷が大きくなり必要なトルクを増す為にトルク成分電流をIt1➡It2、すなわちベクトル量の電流「d軸から$\phi 2$角度の電流I2」と制御する事で発生トルクをトルク成分電流に比例して制御する技術である。電動機の磁気回路時定数が長いため、磁束の大きさを変更するには時間

第4章 目標機能を創るための機能セルと機能設計

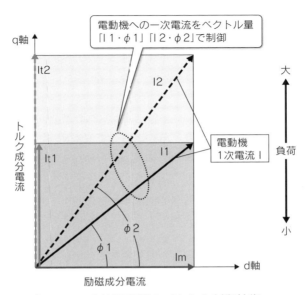

図表4-15 交流電動機のベクトル制御技術

がかかるので、励磁成分電流Imを一定として、瞬時に応答できるトルク成分電流だけを制御するベクトル制御は電動機の発生トルク（発生動力）応答を飛躍的に拡大させるという駆動システムの新たな魅力を産み出した。

ベクトル制御を要素技術とする交流電動機の速度制御である所定速一定制御［k0103030201］、トルク一定制御［k0103030202］は［01］ベクトル制御機能（dq電流制御機能）をはじめ、［02］dq変換演算、［03］idf/iqf検出などのベクトル制御機能に必要な機能で構成する。

107

第4章のまとめ

(1) 新製品は主要な「機能セル」を組合せ、主要な「機能セル」は小さな「機能セル」を組合せて創る"機能設計方法"を考え、「製品をツリー構造の機能セルで創る」の方法を提唱する。
(2) "今後顧客の欲しがるコト"を想定し決定した新製品に必要な主要機能、補助機能など分析して、開発する目標機能を創る。
(3) 夢を実現する新技術を顧客の若手技術者と検討し、共同開発することが顧客に愛される寿命の長い機能を創る。
(4) 開発製品の目標機能に必要な要素機能を分析する。目標機能を構成する主要要素機能、主要要素機能を構成する補助要素機能、補助要素機能を構成する基本要素機能を分析する。
(5) 分析した要素機能を「機能セル」と呼び、目標機能に必要な新しい要素機能に名前と機能を定義して設計BOMに登録する。
(6) 機能セルの整理、再利用の為、すべての機能セルに分類コードを付ける。分類コードはアルファベット＋数字10桁程度で、製品種類、最上位機能レベルの機能、次の下位機能レベルの機能、…最下位機能レベルの機能で分類する。
(7) 機能セルは規模により大・中・小に階層分類し、「大機能セル」、「中機能セル」、「小機能セル」のように名付ける。
(8) 機能セルは技術的進歩による陳腐化を防ぐため、ITを使い常に最新情報にアップデートして新鮮さを保持する。
(9) 後工程の詳細・生産設計工程で機能セル単位に作成した設計情報は機能セル単位に機能セル情報として追加付加する。
(10) 目標機能を複数の主要機能セルで、主要機能セルを補助機能セルで、補助機能セルを基本機能セルで構成設計する。
(11) 新製品の目標機能を「大・中・小機能セル」を用いてビジュアル化できる「ツリー構造の機能セル構成」で設計する。
(12) 新しい技術は基本要素機能セルレベルの新しい機能を創り出す、他分野で創った新しい機能の活用を検討することが大切である。

第 5 章

機能設計から詳細設計と生産設計へ

　近年の新製品を構成する機能セル群の90～95％程度は既存製品や他分野製品で確立された機能である。この特徴を利用した「機能セルで設計する新しいモノ創り」では、前工程の機能設計で定義した各機能セル単位に回路構成図等の詳細設計情報が作成されており、1対1で後工程にリンクするという設計方法を採用している。そのため詳細設計はIT技術を活用した変換設計へと移行することが期待できる。

　つまり、機能セルの90～95％程度は既存製品で定義されており、設計後工程で作成される「機能セル単位の回路図・構造図等及び加工・組立図等の詳細・生産設計情報」が各機能セルの機能設計情報に付加されているので、新機能セル以外は詳細設計・生産設計とも不要であるのだ。ただここでの、事例ではすべて新しい機能セルとして詳細設計・生産設計をする説明をする。

機能設計情報から詳細設計情報に変換

1-1 機能設計情報から製品を具現化する詳細設計へ

　前工程の機能設計において、製品に必要な要素機能を分析し、目標機能をツリー構造の機能セルで組合せ構成した機能設計情報を図表4-9の「夢のFAシステム機能の機能設計例」や図表4-10の「機能構成と機能セル間の関係」で示すように作成する。

　設計した新製品の機能を"モノ"である製品に具現化するには「部品・機能モジュール等ハードとソフトモジュールの"モノ"」を組合せて構成する詳細設計が必要である。

　従来は製品仕様から直接「部品・機能モジュール等ハードとソフトモジュールの"モノ"」を組合せる回路構成図やソフトブロック構成図等を詳細設計する設計方法であった。その為、複数の機能で構成される製品仕様から直接に回路構成図などを設計していたが、設計には熟練設計者の知恵が必要であった。

　「機能セルで設計する新しいモノ創り」では製品仕様からの詳細設計ではなく、製品に必要な要素機能を定義した「機能セル」単位に詳細設計する方法をとる。

各機能セルの詳細設計の手順
　(1) 最小構成単位の「○○機能セル、△△機能セル…」の各機能を、①ハード／ソフト機能分担設計、②ハード部の詳細設計：機能実現の回路構成設計・部材設計（部品・材料選定）・部材加工及び組立形状設計等の方針、③ソフト部の詳細設計：機能実現の為のソフト部詳細設計方針：ソフト処理仕様書設計・プログラミング設計方針の順序で詳細設計を進める。

　(2) 中機能セルの「aa機能セル、bb機能セル…」の各機能を、前記(1)の「詳細設計情報を付加した"○○機能セル"、"△△機能セル"…」を用いて接続・組立（ソフト組込み）し、詳細設計をする。

　(3) 同じように大機能セル、全体機能セルについて、下位機能セルレベルを用いて接続・組立（ソフト組込み）し、詳細設計をする。

機能セルより"モノ"で製品化する「ハード／ソフト機能分担設計」

詳細設計の第1段階は詳細設計する「○○機能セル」の中で部品・モジュール等ハードで構成する部分とソフトモジュールで構成する部分を決める。

図表4-13（B）に示した「電動機駆動システム機能」のツリー構造設計情報の内「インバータ機能」の機能セルを例に「ハード／ソフト機能」分担設計方法を考える。

インバータ機能セルは図のように［01］3相IGBT変換機能セル、［02］変換制御機能セル、［03］素子冷却機能セルの機能セルで構成される。

対象の機能セルが物理的動作を必要とする機能であるかを分析すると、［01］3相IGBT変換機能は「直流電圧⇔交流電圧の電力変換」する物理動作を必要とする機能であり、かつ3相IGBT変換機能に必要な要素機能も物理動作を必要とする機能である。また、［03］素子冷却機能は「発熱する損失熱を冷却」する物理動作なので、両者はハードでの分担が明確である。

［02］変換制御機能は3相IGBT変換機能を制御するPWM信号を作成し、［02］変換制御機能セルのゲート機能セルにPWM信号を与える物理動作が必要である。PWM信号の作成方法は**図表5-1**に示すように、基準三角信号と正

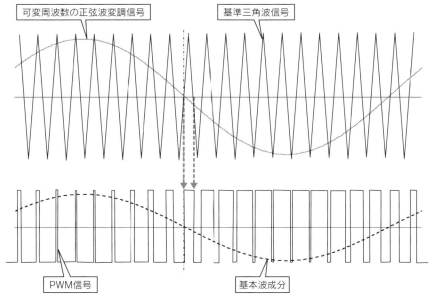

図表5-1　PWM変調信号の作成

弦波変調信号の大小を比較演算して、下部のPWM信号を作成する。

PWM制御インバータの初期には、信号作成は比較演算IC等で構成するハード回路で行っていたが、マイコンの演算処理能力向上で、基準三角信号、可変周波数の正弦波変調信号の作成から大小比較によるPWM信号作成まですべてをマイコンでのソフト処理に移行し、作成したPWM信号をゲート機能セルに与える動作のみがハード部分のハード／ソフト機能分担に変わった。

この事例のように、機能セルがハード分担の不可欠な物理的動作を必要する機能であるかの分析と、マイコンの高性能化など技術進歩によりソフトで分担できるかの分析をして、対象機能セルのハード／ソフト機能分担を決める。

機能設計情報からハード部の詳細設計へ

引き続き次の詳細設計もインバータ機能セルの例で進める。

機能実現の回路構成設計方針

「直流電圧⇔交流電圧の電力変換」の動作をする「3相IGBT変換機能」を実現するインバータ回路方式は1990年代後半に確立された。確立された回路方式は小中容量用の「2レベルインバータ回路方式」と中大容量用の「3レベルインバータ回路方式」で図表5-2に示す2方式が主流である。このうち、用途及びインバータ機能の容量等に適した方式に決定する。ここでは図表4-13で示した機能セルで構成設計した「機能設計情報」より、用途が交流電動機の駆

印は自己消弧電力半導体素子（IGBT素子、GTO素子）を示す

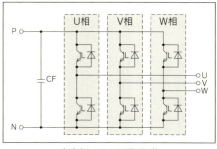

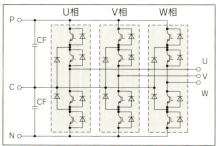

（A）2レベル回路方式　　　　　（B）3レベル回路方式

図表5-2　PWM制御インバータ回路方式

動システムであり、交流電動機が3千kW及び千kWの大容量である為、「3レベルインバータ回路方式」に決める。

このように回路方式等は新しい回路を創造する事は少なく、大半が確立された回路方式の中から用途に適したモノを選択する。したがって、大半がAIを使ったIT技術で機能セルの変換設計が可能である。

部品・材料選定の設計方針

次に、用途である「3,000kW及び1,500kWの大容量の交流電動機の駆動」に対応できる上記回路構成の主部品「自己消弧電力半導体素子」の選定を検討する。3,000kW及び1,500kWの大容量用に使用できるインバータ電力半導体素子はIGBT素子とGTO素子がある。素子選択にはⒾ定格電圧・電流条件3,000kW用として「1000V・4000A、もしくは4000V・1000A」が必要となり、1,500kW用には「1000V・2000A、もしくは4000V・600A」が必要となる。そしてロ製鉄圧延のニーズ「トルク変動（トルクリップル）を抑制」からくる、PWM周波数（スイッチング周波数）条件、ハ素子の今後の発展性を加味して決める必要がある。製鉄圧延3,000kW及び1,500kWの大容量用のⒾロハの条件をすべてを満たす素子となると「IGBT素子はⒾ電流容量不足が問題、GTO素子はロハが問題」と課題が残る。

IGBT素子のⒾ問題「電流容量が不足」は素子並列接続技術の開発で解決が期待できるので、IGBT素子の採用を決める。

素子並列接続方法としては**図表5-3**に示すように、IGBT素子を直接並列接続する（A）IGBT素子直接並列方式と3相IGBTインバータをセット単位で並列に接続する（B）3相インバータセット並列方式とを考える。

IGBT素子の並列接続の注意すべき技術ポイントは並列する各素子に均等に電流を流すように、接続する配線インダクタンスを均一にすることである。

従来のIGBT素子直接並列方式は素子単体接続なので配線が短くて済み配線インダクタンスを均一にできるが、図のように3,000kW用に4素子並列で設計したモノは1,500kW用には利用できないなど、容量別に開発が必要となる拡張性に問題がある。

一方、3相インバータセット並列方式は3相インバータのセット単位同士を接続するので、配線長が長くなり、例えば直流端子と3相インバータ |1| 間配線長ℓ1より直流端子と3相インバータ |4| 間配線長ℓ4が長くなり配線インダクタンスが多くなり3相インバータ |4| の電流分担が小さく（不均一）

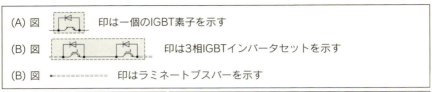

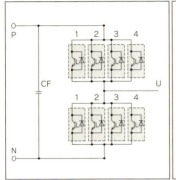
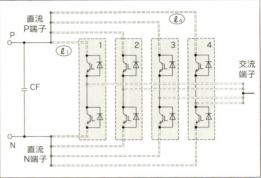

(A)IGBT素子直接並列方式　　　(B)3相インバータセット並列方式

図表5-3　IGBT素子並列方式

になる問題が生じる。

　配線のインダクタンスを減少させる技術として {2本の正負配線の間に絶縁シートを介して沿わせる（ラミネート化）配線方法（ラミネートブスバー)} があり、ラミネートブスバー化により配線長当りのインダクタンスを1/7に低減できる。この原理を活用し {普通の配線長 ℓ n とラミネートブスバー長 ℓ r の組合せで各配線を "ℓ n+ℓ r・1/7" を均一にする} 新技術を開発する。この開発技術を用いて3相インバータをセット並列接続することにより、並列接続した各3相インバータセットの電流分担を均一にでき、かつ "3相インバータセットを用途に応じて拡張できる" 3相インバータセット並列方式を開発できる。3,000kW、1,500kWと多様なニーズに適した3相インバータセット並列方式を選択し、この方式に最適なIGBT素子部品を決定する。

　このように、確立された技術・機能を組合せることにより新しい機能・性能を発揮できるので、"人の智恵の発揮" と "IT技術の知識" の共生により新しい機能・技術を創造できる。

　この新しい「ラミネートブスバー」配線利用の並列接続技術より産まれた「インバータセット並列方式による大容量化対応のコンセプト」は6章で説明

第5章　機能設計から詳細設計と生産設計へ

する「"プロセル"コンセプト設計」として製品開発期間の短縮、予備品の削減やユーザーの保守など大きなメリットを産み出す事になる。

部材加工及び組立・形状の設計方針
　IGBTインバータ主回路はスイッチ機能のIGBT素子、ダイオード素子、コンデンサの部品で構成されるが、IGBT素子のスイッチイング速度が速い（急峻）為、これら3種の部品を接続する配線の持つ配線インダクタンスが各種不具合を発生する。
　そこで、配線インダクタンスを減少させる為、前節で触れた電流の流れる方向が逆の2本の配線を間に絶縁シートを介して沿わせる（ラミネート化）接続方法、特に面でラミネート化することで、配線インダクタンスを1/10～1/20に低減できる「面で接続する銅板ラミネート化配線」を設計する。

機能設計情報からソフト部の詳細設計へ
　引き続き次の詳細設計もインバータ機能セルの例で進める。

機能実現の為のソフト部の詳細設計方針
　ハード部の詳細設計と同じく、機能設計とリンクして詳細設計を進める。すなわち定義した各機能セル単位に1対1にリンクしてソフト部の詳細設計を推進する。
　インバータ機能セルの中で対象となるのは［02］変換制御機能セルである。インバータ機能の上位機能セルレベルの駆動システム機能［k0103］の内の制御機能はマイクロ秒｛PWM制御、ベクトル制御、重故障保護制御等｝、ミリ秒｛速度制御、電流制御等｝単位の高速処理を必要とする。その為、マイコンの発展と共にデジタル制御技術が進歩したが、高速処理機能はアナログハード回路で制御していた。デジタル制御技術の進歩に従い高速処理機能野部分をDSP｛デジタルシグナルプロセッサ：デジタル信号処理に特化したマイクロプロセッサ｝を一時期採用した。1990年後半に制御機能モジュール組込み用として開発された「32bit RISCプロセッサ"SHxマイコン"（x：2以上）」にPWM制御等高速信号処理用DSP機能が追加され、駆動システム制御機能はマイコンハードを用いたソフト演算処理が可能となった。
　したがって、マイクロ秒単位の高速演算処理のPWM制御機能やパルスの最小巾制御機能などの要素機能を必要とする変換制御機能［02］はPWM制御や

最小巾制御等のアルゴリズムソフト処理をマイコンハードの演算機能を用いて実行する。また、演算処理した信号内容はマイコンハードの付属する出力機能ハードより信号受取部であるIGBTゲート機能のハード部に伝達され、IGBT素子を制御する。

ソフト処理仕様書、プログラミング設計方針

　従来の全体目標機能を設計方法でなく、機能設計定義した各機能セル単位に1対1にリンクしてソフト処理仕様書を設計作成し、プログラミング設計も機能セル単位に1対1にリンクして作成する。ソフト詳細設計で作成する「ソフト処理仕様書等の詳細設計情報」は機能セルに付加される「機能セルの一部設計情報」である。

　全体目標機能情報は機能設計で作成した「ツリー構造の全体機能構成情報」であり、「ツリー構造の全体機能構成情報」の一部である各機能セルの詳細にモノ創りの観点で設計した情報を付加していく。

1-2　各機能セルを部品・モジュールで構成する回路図等の詳細設計情報に変換

駆動システム機能の詳細設計事例…3相IGBT変換機能

　図表5-4（a）に3相IGBT変換機能セルの要素機能と部品構成を示す。1相IGBT変換機能セルは4個の電力半導体素子IGBT ｜素子定格：電流1000A、電圧1200Vはパラメータ部として定義、IGBTに逆並列ダイオードはIGBT素子内蔵｜、2個の中性点用ダイオード、2個の直流電圧安定化用コンデンサ、1組の主回路接続機能の6層ラミバス、4個のゲート信号調整機能ゲート基板、1組の電力半導体素子冷却機能用フィン、1台の1相IGBT変換機能セルを固定する収納ユニットケース、接続電線などの要素部品で1相IGBT変換機能セルを構成する。

　3相IGBT変換機能セルは上記の1相IGBT変換機能セルを"共通1相変換機能セル"として3セット並列接続する。3相化結合機能セル1セット、ゲート機能セル3組と平滑コンデンサ機能セル2セット及びヒューズ機能セル2組で構成する。

　3相IGBT変換機能セルの要素機能「ゲート機能セル」「平滑コンデンサ機能セル」及び1相IGBT変換機能セルで要素部品「ゲート基板」「直流電圧安定化

第5章 機能設計から詳細設計と生産設計へ

用コンデンサ」と両機能セルの同様な機能があるのはIGBT素子のスイッチング速度が速いことが要因である。ゲート信号へのノイズ混入防止の為、ゲート信号調整機能ゲート基板をIGBT素子の直近に配置する。また、3相IGBT変換機能セルにある平滑コンデンサ機能セルから1相IGBT変換機能セルへの配線インダクタスの影響を無くすため、1相IGBT変換機能セル内のIGBT素子の直近に直流電圧安定化用コンデンサを配置する等のノウハウ的技術「3相IGBT変換機能」を開発する過程において確立してきた。

このような回路構成上のノウハウ的技術も「3相IGBT変換機能」のイン

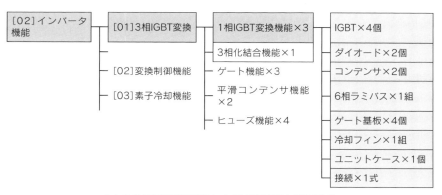

(a) 3相IGBT変換機能セルの要素機能と部品構成

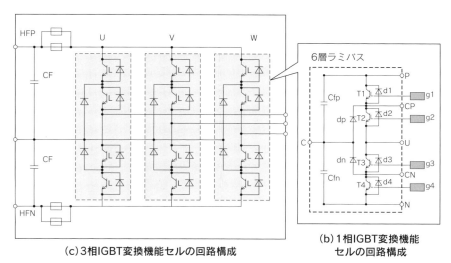

(c) 3相IGBT変換機能セルの回路構成　　(b) 1相IGBT変換機能セルの回路構成

図表5-4　3相IGBT変換機能セルの詳細設計「回路構成」

バータ回路方式が確立した1990年代後半に確立されている。インバータ回路構成としては過去のこのようなノウハウを含めた技術を用途に応じて選択する事が可能であるので、機能セルから作る回路構成図等の詳細設計情報は、進化を続けているAIを含むIT技術により変換設計へと移行できる。

新しいニーズに対して、新技術の活用や確立されている技術・機能を組合せで"今後必要となる新しい機能"を創造する必要があるので、新技術や他部門で活用が始まっている技術・機能を定期的に調べる事が重要である。

図表5-4（b）に1相IGBT変換機能セルの回路図、（c）に3相IGBT変換機能セルの回路図を示す。図に示すように（b）の1相IGBT変換機能セルを"共通機能セル"として（c）のU相、V相、W相用に利用できるので、1相IGBT変換機能セルの設計と3相化結合機能セルの設計は確定された技術が応用できる。

駆動制御機能セルの詳細設計

駆動制御機能セルの詳細設計を図表5-5に示す。駆動制御機能セルは交流電動機を設定速度に制御する主要目的機能を実行する為、直流➡可変電圧・可変周波数の交流に変換制御する「インバータ制御機能」の他に、インバータ機能用電源の所定直流電圧を交流電圧から直流電圧に変換制御する「コンバータ制御機能」、及び駆動システム運転中に生じる"速度・電圧・電流等の異常"で電動機や電力変換器などの破損を防止する「駆動システム保護機能」等の主要制御機能で構成する。

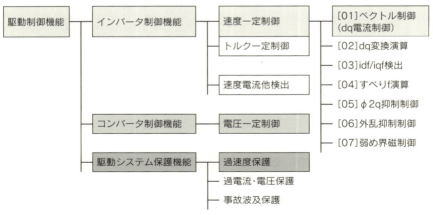

図表5-5　駆動制御機能セルの詳細設計

インバータ制御機能とコンバータ制御機能

　インバータ制御機能は電動機に可変周波数可変電圧の交流電源を印加して、用途に応じて電動機の速度「速度一定制御」やトルク「トルク一定制御」を制御する。図表4-13で示したケイ素鋼板圧延機駆動用途では「速度一定制御」機能が必要で、テンションリール駆動用途では「トルク一定制御」機能が必要となる。「速度一定制御」「トルク一定制御」機能セルの要素機能は同じ「交流電動機のベクトル制御機能群」で構成することができる。

　コンバータ制御機能は交流電圧から設定電圧の直流電圧に変換制御するので、主制御機能は電圧一定制御であり、インバータ機能での急峻な負荷変動に対しての電圧を一定に保持する制御機能も持たせる。「電圧一定制御」機能セルの要素機能はインバータ機能と同じ［01］ベクトル制御機能セルを利用できる。

　圧延機やポンプなどを駆動する交流電動機の速度を負荷の急峻変動に対しても設定速度に保持制御する為、ベクトル制御が考えられ、負荷に応じたトルクを急峻に発生制御するため、トルク成分電流｛q軸電流、図表4-15参照｝を制御する。負荷に応じたトルクに制御する為に、励磁成分電流｛d軸電流｝の制御が必要となる。q軸電流、d軸電流を制御する為には、交流電動機のq軸電流、d軸電流の検出が必要となる。交流電動機に流れる3相交流電流をq軸電流・d軸電流に変換する「［02］dq変換演算機能」が必要となる。検出した電動機に流れる交流電流のdq変換演算機能を介して、「［03］idf/iqf検出機能」でq軸電流・d軸電流を検出する。その他にベクトル制御の基準となる設定「d軸q軸」と実際の電動機「d軸q軸」を一致制御する為に「［04］すべり周波数f演算」や「［05］φ2q抑制制御」等の機能で構成される。

駆動システム保護機能

　駆動システムを運転すると、設備機器の部品の故障や運転員の誤操作などで、電動機の過速度やIGBT変換器の過電流の異常が発生することがある。これらの異常の内、重大故障発生時はマイクロ秒、ミリ秒単位の短時間で運転を停止する保護動作が必要となる。保護動作が遅れると電動機やIGBT変換器を破損する恐れがあるので、重要な機能である。

大容量交流電動機駆動システム機能セルの詳細設計

　図表5-6にケイ素鋼板圧延機駆動用途の3,000kW交流電動機の駆動システム

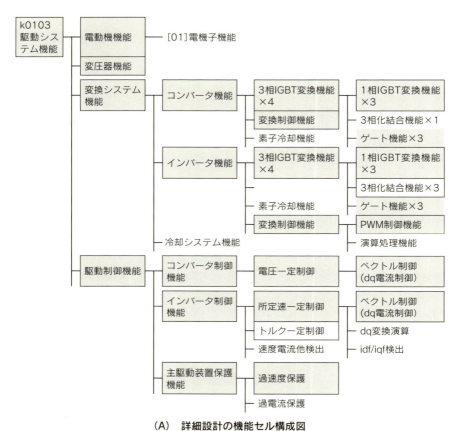

(A) 詳細設計の機能セル構成図

図表5-6　駆動システム機能セルの詳細設計

　機能セルを詳細設計した機能セル構成図を（A）に、回路構成図を（B）に示す。

　図に示すように駆動システム機能は電動機機能、変圧器機能、変換システム機能、駆動制御機能の主要機能で構成される。これら主機能の内、コストや設置寸法の大きい変換システム機能はコンバータ機能、インバータ機能、及び冷却システム機能で構成される。

　主機能の「コンバータ機能」「インバータ機能」は図表5-4で述べたように1000A大容量IGBT素子を用いた「1相IGBT変換機能」を共通基本セルとして3台並列接続して「3相IGBT変換機能」の共通大機能セルに展開する。

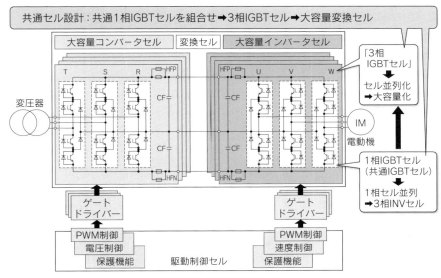

(B) 詳細設計の回路構成図

図表5-6　駆動システム機能セルの詳細設計

　さらに、3,000kWの大容量に対応する為、「3相IGBT変換機能セル」の共通大機能セルセットを並列接続ノウハウ技術｛図表5-3で説明した3相変換機能をセット並列するラミネートブスバー技術｝を用いて、4台並列接続して大容量コンバータ機能セル及びインバータ機能に展開して、大容量変換システムを作成する。

　図（B）で示すように機能セルを共通機能セルとして活用することで共通1相IGBT機能セルの3セット組合せで、共通大機能セルを作り➡3相IGBT機能セルを4セット組合せて大容量インバータ機能セル、コンバータ機能セルに展開し➡大容量インバータ機能セルとコンバータ機能セルを結合し、大容量変換セルを構成して、3,000kW交流電動機の駆動システムを作成する。また、ケイ素鋼板圧延システム用途のテンションリール機能用の1,500kW用駆動システムとしても同じ共通機能セルの3相IGBT機能セルを2セット組合せて➡大容量変換セルとして、1,500kW交流電動機の駆動システムを構成できる。また、予備品も共通機能セルの「1相IGBT機能セル」だけですべての用途に対応できる。

　このように基本となる「1相IGBT機能セル」を開発し共通機能セル（プロ

セル）として利用することで、いろんな用途に展開できる拡張性を得られるので、共通機能セル（プロセル）で製品を機能設計する「プロセルコンセプト設計…6章で説明」により、製品開発の設計工数を大幅に削減できる。

さらに、共通機能セルとなる「1相IGBT機能セル」で使用するIGBT素子を変更して、共通機能セルをレパートリー化すると、ニーズへの多様性が向上する。

1-3　追加する「新しい機能セル」の詳細設計

新しい機能を追加するエアコン機能の詳細設計

市場の環境が変わり、共稼ぎや単身生活の家庭、遅い帰宅等ライフスタイルの変化に対応した"新たな要求"「帰宅時に部屋を快適な温度にしておきたい」の要望に応える"新しい機能"「外出先でスマホから室内温度操作ができるエアコン機能」を実現する新製品を設計する。

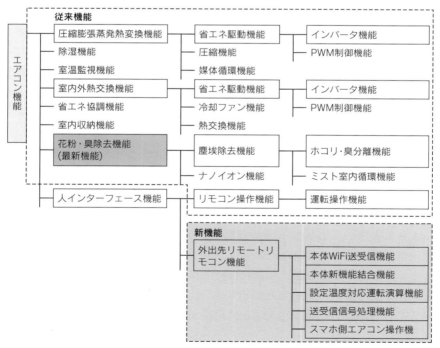

図表5-7　追加する"新しい機能"の詳細設計

第5章　機能設計から詳細設計と生産設計へ

　図表5-7に「外出先でスマホから室内温度操作できる」新機能を追加したエアコン機能の機能セル構成図を示す。

　図の従来機能部分の既存製品機能は①最新の省エネインバータ制御する機能、②部屋のタバコ臭ペット臭除去する及び細菌を除去するマイナスイオン微粒子水噴霧・循環回収する最新機能、③部屋の温度を測定監視する機能、④フィルターを定期的に掃除する掃除ロボット機能等の最新技術でバージョンアップされた機能セル等で設計されている。

　既存製品の機能を引き継ぎⓐスマホで外部から部屋の温度を設定する新機能、ⓑ部屋に着く時間に設定温度にするために「部屋の広さ」・「現状温度」・「帰宅時間」からエアコンを最小電力の省エネで動作させる新機能をもつ新製品を開発する。

　新しい機能は「人インターフェース機能セル」を要素機能として「外出先リモートリモコン機能セル」を追加する。外出先リモートリモコン機能セルの要素機能を分析し、外出先のスマホと接続する為㋑スマホに標準装備されている無線機能である「WiFi送受信機能」、㋺WiFi送受信信号を受け渡す「本体新機能結合」、㋩設定された温度に「部屋の広さ」・「現状温度」・「帰宅時間」から最小電力にする「設定温度対応省エネ運転演算機能」を追加する。さらに、㊁WiFi送受信した信号を本体側で処理する「送受信信号処理機能」、及び㋭スマホでエアコンの温度を操作する「スマホ側エアコン操作機能」を追加し、図の新機能部分の機能セルで構成する。

　このように、機能セルで設計するモノ創りでは、既存製品の機能セルは再利用できるので、図の新機能部分の新しい機能セルを設計するだけの狭い範囲で済むので開発設計時間を大幅に短縮できる。

　次に新機能の外出先リモートリモコン機能の主要機能の「本体WiFi送受信機能」の詳細機能構成図と回路構成図を**図表5-8**に示す。本体WiFi送受信機能は（A）図に示すように1個のベースバンド&MAC-IC、1個のRF IC、1個のRF—SW、1個の40MhzOSC、1個のパターンアンテナ、2個の低電圧安定化電源（LDO）などの機能部品で構成される。

　本体WiFi送受信機能の各機能部品、及び本体との関係を表す回路構成図を図（B）に示す。また、WiFi送受信機能の各種用途展開の拡大により、図（B）の薄墨部分すべてを1モジュール化した製品も発売されているので、ハード部の詳細設計、生産設計とも変換設計で済む状況に進化している。

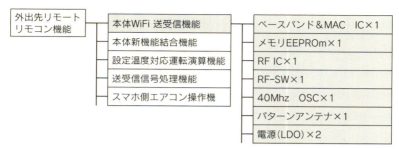

(A)［WiFi送受信機能］の詳細設計｛機能構成図｝

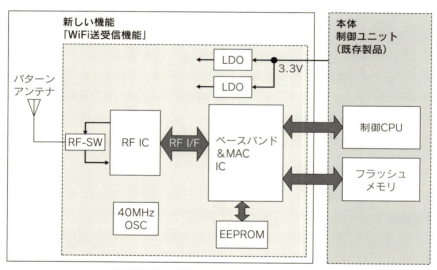

(B)「WiFi送受信機能」の詳細設計「回路構成図」

図表5-8　新機能の主要機能［WiFi送受信機能］の詳細設計

第5章 機能設計から詳細設計と生産設計へ

 詳細設計情報から生産設計情報に変換

2-1 機能セルの詳細設計情報を部材調達・加工・組立の生産設計情報に変換

共通機能セル「1相IGBT変換機能セル」の生産設計

　詳細設計情報から生産設計情報に変換する具体事例を「3相IGBT変換機能セルの詳細設計情報（図表5-4）」を用いてみてみる。生産設計情報への変換設計、具体的には3相IGBT変換機能セルの基本の共通機能セルである1相IGBT変換機能セルを事例に生産設計を詳しく説明する。

　生産設計の最初に機能セル単位に詳細設計された生産情報を後工程のモノづくり現場の「調達ショップ」「部品製作ショップ」「モジュール製作ショップ」「全体組立製作ショップ」「製品試験ショップ」別に区分けする。

　1相IGBT変換機能セルの事例では「調達ショップ」「部品製作ショップ」「モジュール製作ショップ」「製品試験ショップ」に対応して、**図表5-9（A）**「後工程作業ショップ機能区分け」及び（B）「生産設計セル構成図」に示すように、「部材生産設計機能セル」「モジュール組立生産設計機能セル」「試験仕様設計機能セル」「リードタイム設計機能セル」に区分けする。

1相IGBT変換機能セルの部材生産設計

　部材生産設計ではモノづくり現場のショップ詳細「調達ショップ」と「部品製作ショップ」の「銅製品加工製作」「鋼板加工筐体製作」区分けに対応し、**図表5-9（A）**「部材生産設計」に示すように①部材調達…｛IGBT4個、ダイオード2個、コンデンサ2個、冷却フィン1式｝など購入調達部材の調達手配設計、②銅製品である6層ラミバスの加工…㋑4個IGBT素子端子と2個ダイオード端子に合わせた6枚の銅薄板ブス加工図面、㋺銅薄板加工図に合わせ、ラミネートする5枚の絶縁シートの加工図面を設計作成する。

　部材加工の生産設計では**図表5-9（C）**に示す事例のように①鋼板の切断・穿孔設計、②鋼板の曲げ設計、③補強部品のリベット接続設計④固定部品の溶接接続設計⑤寸法・公差検査指示設計等の生産設計を行う。

125

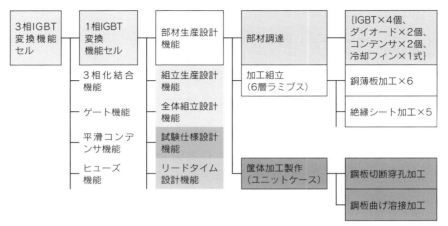

(A) 後工程作業ショップ区分けと部材生産設計

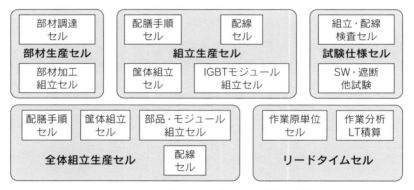

(B) 1相IGBT変換モジュールの生産設計セル構成

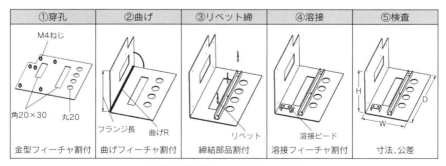

(C) 筐体(部材)加工の生産設計事例

図表5-9　後工程作業ショップ区分けと部材生産設計

第5章　機能設計から詳細設計と生産設計へ

1相IGBT変換機能セルの組立生産設計

　組立生産設計ではモノづくり現場のモジュール製作ショップ詳細で図表5-9（B）に示すように「配膳・手順ショップ」と「筐体（ユニット）組立ショップ」「IGBTセル組立ショップ」「配線ショップ」の機能区分けに対応して生産設計する。

組立手順設計と組立部品のセット配膳設計

　組立順序・部品配膳ショップ対応では①1相IGBT変換モジュール組立の取付け順序・手順を設計する、②配膳作業用の1相IGBT変換モジュールに必要な部材リスト、組立順リストを作成する。

　組立生産設計の中で重要な工程は「組立の取付け順序・手順」設計であり、この設計情報の良し悪しが組立リードタイム及び組立品質を左右する。

　組立工程の作業順番事例を図表5-10（A）に示す。図（A）のように①金具、電気部品の順番で作業する「組立順序」設計、②取り付ける部品「組立部品一覧に部品名・型式」を取付ける順番を設計、③取り付ける部品・銘板等を付ける座標・銘板文字、貼付箇所の設計、④配線は回路区分別に配線ルートを

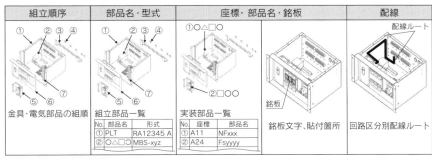

(A)組立工程の作業順番

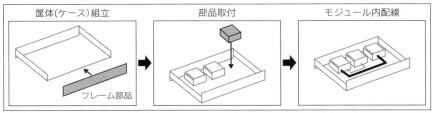

(B)モジュール組立　工程別作業図

図表5-10　組立工程の作業順番と工程別作業図の事例

設計する。

　上記の組立順に併せて、現場作業者が考えないで次の作業に進めるように「組立工程別作業図」を設計する。組立工程別作業図では、図（B）に示すように次に行う作業部品を「薄墨表示」、配線については配線ルートを「太黒線表示」などを次々に液晶表示画面に表示することで、作業者が次作業検索する事なく確認できる。

組立作業設計事例

　1相IGBT変換モジュールの組立生産設計を**図表5-11**に示す。筐体（ユニット）組立ショップ対応では①筐体鋼板に側板を取付ける、②冷却フィンを付けるモジュールケース組立図を作成する。

　IGBTセル組立ショップ対応では①組立てたモジュールケースにコンデンサ2個の取付け図を作成、②冷却アルミフィンの取付け図を作成、③モジュールケースに取り付けた冷却フィンにIGBT素子、ダイオード素子を取り付け、取り付け時にIGBT素子・ダイオード素子をアルミコンパンド塗布後のフィンに並べ、指定締め付け力で作業する作業方法と手順の組立図作成、④IGBT素子ゲート端子にゲート基板を取り付ける取付け図を作成、⑤IGBT素子・ダイオード素子・コンデンサを取付け後、6層ラミバスを被せ、IGBT素子・ダイオード素子及びコンデンサ端子と6層ラミブスを締め付け力指示のボルト締め主回路配線接続図を作成する。

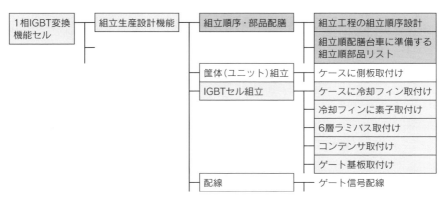

図表5-11　1相IGBT変換機能セルの組立生産設計機能

図表5-12　1相IGBT変換機能セルの試験仕様設計機能

1相IGBT変換機能セルの配線生産設計機能

1相IGBT変換機能セルでは主回路配線は上記の6層ラミバスでの接続により完了しているので、4枚のゲート基板から1相IGBT変換モジュールの端子までをツイスト線4対配線する接続図と配線ルート図を作成する。

1相IGBT変換機能セルの試験仕様設計

試験仕様設計では、モノづくり現場の製品試験ショップ詳細で**図表5-12**に示すように「組立・配線検査ショップ」と「SW・遮断試験ショップ」区分けに対応して生産設計する。

組立・配線検査ショップ対応では組立生産設計情報で製作された1相IGBT変換モジュールに部品、配線を検査する「組立・配線検査」で①図面通りに正規部品が「正しく図面通りに取付けられているか」の試験仕様書を作成、②配線が「図面通りに接続されているか」の試験仕様書を作成する。

スイッチング（SW）試験・遮断試験ショップ対応では①治具を用いた1相IGBT変換モジュールの一定周波数PWMスイッチング試験の試験方法、試験治具、PWM波形（**図表4-14（A）**）の試験仕様書を作成、②治具を用いた1相IGBT変換モジュールのP側及びN側IGBT素子の遮断性能試験の試験治具、試験方法、遮断性能などの試験仕様書を作成する。

2-2　生産設計情報から作業リードタイム設計へ変換

図表5-9（B）に示すように、機能セルの製品化は現場の「部品製作ショップ」→「モジュール製作ショップ」→「全体組立製作ショップ」→「製品試験ショップ」の作業ショップで次々にリンクして具現化する。したがって、各作業ショップでのリードタイム（LT）設計が重要（リードタイムが設計されないと各ショップでの作業待ちのムダが生じる）で、各ショップのリードタイム設計値を基に各ショップの作業の開始終了時間が計画される。

1相IGBT変換モジュールの生産事例の「作業の流れと全体リードタイムの計画」を図表5-13に示す。作業の流れの中で、「部材調達」と「配膳手順」はオフライン作業の位置付けの事前準備作業で、全体作業リードタイムから外れる。リードタイムは部材加工➡筐体組立➡IGBTモジュール組立➡配線➡組配検査➡SW・遮断試験の各作業リードタイム（LT1～LT6）と作業間の待ち時間リードタイムロスの加算値となる。各作業リードタイムの設計を間違えると待ち時間が大きくなり、全体のリードタイムが延びてしまう。

　各機能セルのリードタイム設計は図表5-14に示すように、現場作業原単位分析設計｛部品「大中小」取扱い作業原単位設計、接続作業関係原単位設計等より構成｝と作業項目・作業数分析設計｛部品取付け「大中小」作業数分析設計、接続種・作業数設計、リードタイム積算設計等より構成｝する。

　現場の作業原単位は作業項目毎に決められる。グルーバル競争に対応できる「代表的な作業の作業原単位」を図表5-15に示す。部品の仕分・配膳作業は取り扱う部品の大きさ毎に一個当たりの作業原単位が決められる。

　次の作業指示内容確認は、従来作業者が図面から次の作業を検索・確認しながら作業していたので、1分～3分／1作業と長い時間を要していた。コピー機の生産など量産製品生産では、作業者に作業順番と作業指示を数週間訓練記

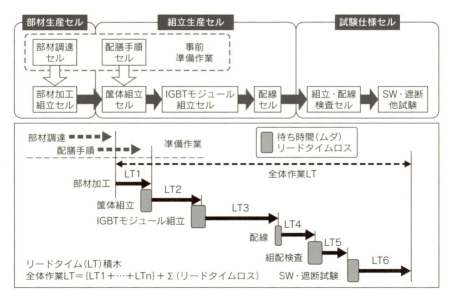

図表5-13　作業の流れと全体作業リードタイム

第5章　機能設計から詳細設計と生産設計へ

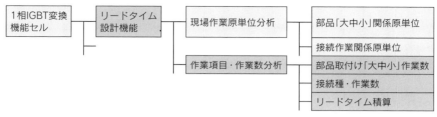

図表5-14　作業リードタイム設計機能

作業項目	作業詳細	作業原単位時間
仕分・配膳	大部品	10秒～30秒／個
	中部品	5秒～10秒／個
	小部品	1秒～3秒／個
次作業内容確認	図面確認方式	1分～3分／1作業
	工程別作業方式	1秒～3秒／1作業
接続作業	ネジ締め	1秒～3秒／個
	リベット	0.5～1秒／個
	溶接：	3～6秒／cm
チェック	溶接他特殊作業	3～6秒／cm
	部品取付け	1秒～3秒／個
	小部品取付け（PI他）	0.5～1秒／個
作業現場の実力	改善活動「秀クラス」	LT補正係数2.0～3.0
	改善活動「優クラス」	LT補正係数5～7
	改善活動「良クラス」	LT補正係数8～15

図表5-15　主要作業原単位時間と作業現場の実力補正係数

憶させて、数秒／1作業で対応できるようにしている。新製品対応や一品生産対応では訓練記憶方式は使えない。そこで考えた「工程別作業方式 ｛次の作業を液晶画面に次々と表示する方式｝」で1秒～3秒／1作業の原単位に改善した。

　接続作業もネジ締め ｛1秒～3秒／個｝ やリベット鋲め ｛0.5～1秒／個｝ や溶接 ｛3～6秒／cm｝ などな作業原単位が決められる。

　これらの作業原単位は世界トップのモノづくり力を持つ作業現場対応で決められた原単位であり、対象となる作業現場のモノづくり実力を評価し補正が必要である。現場のモノづくり実力の差はA作業からB作業に移る時に発生する「次の作業は？部品は何処？…等考えるムダ時間や待ち時間」の大小が中心である。その為、積算したリードタイム ｛Ta = T1 + T2 + …Tn｝ に改善活動が

進んでいる「秀クラス」で「2.0～3.0」の補正係数をかける。改善活動をある程度実施してきた「優クラス」では「5～7」の補正係数をかける。改善活動の日が浅い「良クラス」では「8～15」の補正係数をかける。

作業項目・作業数分析では取付け部品の大きさ「大中小」の区分けとそれぞれの個数を生産設計で作成した組立図等の生産設計情報から分析し、部品取付けのリードタイムを積算する。

同じく生産設計情報から「部品取付けに用いる接続方法、接続箇所数」を分析し組立リードタイムを積算する。このように、生産設計情報の「加工情報、組立情報等」から各作業ショップ単位のリードタイム、及び機能セル単位のリードタイムを設計する。

予想コスト設計

新製品を開発する初期設計工程の事業企画設計において、製品の販売価格を決定し、構成する各機能セルに対し販売価格に対応する「予定生産コスト」を設定した。

機能セル単位の製品コストは図表5-16に示すように構成部材の「部材コスト」と加工組立作業の「製造コスト」よりなる。

「部材生産設計」「組立生産設計」「試験仕様設計」「試験仕様設計」の生産設計を終了することで、これら生産設計情報より、製品を構成する部品・鋼材等の「部材コスト」及び加工・組立作業等の「製造コスト」の両コストを設計する。「部材コスト」は調達部材リストと最新の部材コストデータで、IT化によるビッグデータにより積算する。「製造コスト」は前述の「作業原単位時間・作業現場実力より設計したリードタイム」と投入作業人員数で積算する。

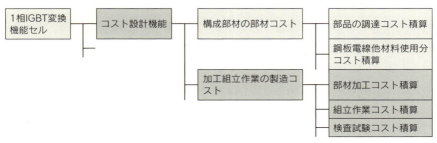

図表5-16　コスト設計機能

2-3 リードタイム短縮の工程別作業指示画面への変換

リードタイム短縮の生産設計

　製造コストの内、部材コストは部材の個数・選択及び市場値で決まっているので、製品競争力に差を付けるのは、企業現場のモノづくり力で決まる「加工組立作業のコスト」であり、それを決めるのは製造リードタイムである。したがって、リードタイムを短縮する生産設計が重要である。

　図表5-15で示した主要作業原単位時間で、1作業当り飛び抜けて大きな原単位時間を要する「次の作業指示内容確認項目」の時間短縮が重要である。特に量産製品と違い、製作する度に初回製作と同じ「受注生産製品のモノづくり」ではこの項目の短縮が必須である。図表5-10（B）で概要に触れた「工程別作業図方式」の生産設計を具体的事例で説明する。

　「工程別作業図方式」は数秒／1作業以下で対応できるように、作業者に作業順番と作業指示を数週間訓練記憶させている量産製品と同じ作業時間でできるように改革した方式であり、前作業の終了で次の作業指示を液晶画面に表示する方式を考えた。

1相IGBTモジュール工程別作業図事例

　1相IGBT変換モジュールの組立用の工程別作業指示画面の生産設計事例を図表5-17に示す。図に示すように次の部位を色付けで明示①モジュールケースに側板を取付ける、②モジュールケースにコンデンサを取付ける、③冷却フィンを取付ける、④IGBT素子を冷却フィンに取付ける、の順番で部品の取付け作業を行うが、作業者が一目で次の作業・取付け場所が確認できるように、作業毎に「次作業を色付けして」で表示する。また作業毎に ¦図のIGBTネジ締付け順序指示¦ のように、ベテランのノウハウを、作業注意項目指示に織り込む事で作業の品質を確保し、後戻り作業を無くすことができる。⑤ダイオード取付け、⑥ゲート基板取付け、ゲート配線接続、⑦A1,2ブス取付け、⑧P,Nブス取付け、⑨Cブス取付け（⑩Uブス）の各作業での間違えやすい作業や作業者が迷う作業項目を画面に反映する工程別作業画面の生産設計をする。

CPU基板へのMPU取付工程別作業図事例

　図表4-8で示したFA生産システム等に使われるコンピュータ機能用CPU基板へのMPU取付け用の工程別作業指示画面の生産設計事例を図表5-18に

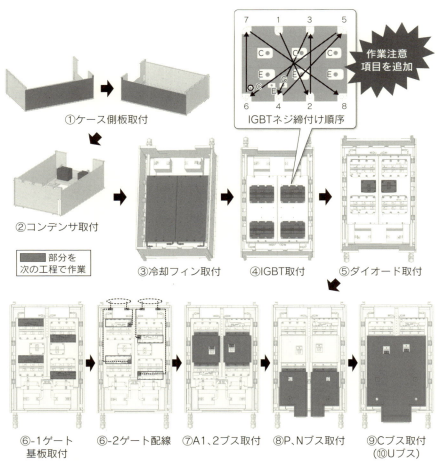

図表5-17　1相IGBTモジュール工程別作業画面の生産設計事例

示す。最近の高性能MPUは熱損失が大きく、冷却フィン付きとなっており取付け方法に種々条件が付けられている。したがって、図に示すように、MPU取付けでは事前の①シリコングリス塗布作業、②-1ネジ締め付け前にフィンとシリコングリスでの密着性を確保する為の「左右に5回まわす」作業、②-2ネジ締め付けはMPULSIチップに歪みストレスを防止する為、1→2→3→4の順に2回に分けて締付作業とする、③冷却ファン取付けは付属フードやファンの取付け方向などを注意作業とする。

このように、次の作業を指示する「工程別作業指示画面」に作業注意項目を

第5章　機能設計から詳細設計と生産設計へ

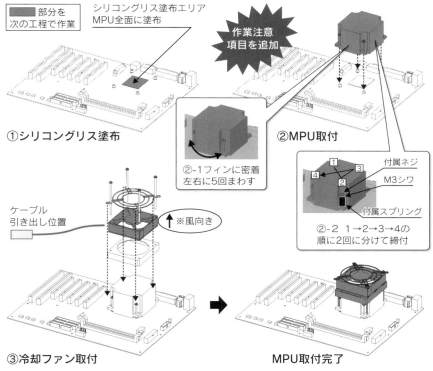

図表5-18　CPU基板へのMPU取付け工程別作業画面事例

追加することが作業者の初回作業から「作業の迷い」「作業ミス」を無くし、最大のムダである「後戻り作業」を防止しリードタイムを「図面確認：1〜3分／1作業」➡「1〜3秒／1作業」に改善できる。

　リードタイムの短縮及び製品品質をしくみで確保する「工程別作業指示画面」が"IoTモノづくり""スマートモノづくり""水平分業ものづくり"では必須となる。すなわち"IoTモノづくり""スマートモノづくり""水平分業ものづくり"を加速する「モノづくり設計」といえる。

2-4　"水平分業型ものづくり"で製品品質・コストを確保するものづくり

　1章6節で触れたように、1企業の社内組織分担で「設計部門での製品設計➡

製造部門での製造"ものづくり"」とすべてを行っていた垂直統合型の「日本の古いものづくり」から、海外企業を含む多数の企業で分業する「水平分業型ものづくり」に大きく環境が変化した。しかし、為替変動による急激な円高に対処する生産拠点の海外シフトなど、ものづくり環境が急激に変動した為、垂直統合型の「日本の古いものづくり」を改革しないまま生産を海外にシフトし、各所で問題が発生した。すなわち、海外工場のものづくりの実力を十分把握しない上に、社内の製造部門に依頼するのと同じく「作り方及び作る順序・作る工具・加工方法等作るしくみ」をTT（技術移転）せずに生産委託したので種々問題起こり、大きな不良を発生することもあった。

一緒に、開発のスタートから設計部門と一緒に製作を担当してきた製造部門と異なる「ものづくりの実力を十分把握できていない別会社の製造部門」に製造だけを分業してもらう「水平分業型のものづくり」では設計者が製品に要求する品質・コスト等を確保する「作り方及び作る順序・作る工具・加工方法等作るしくみ」を指示するものづくり方法が必要条件である。

そこで登場するのがこれまで説明してきた「"機能セル"で設計する新しいモノ創り」方法だ。水平分業型には最適と考えられる。特に前工程の成果を機能セル単位に後工程にリンクする設計方法、すなわち、「目標機能を創る➡機能設計で目標機能を分析して創る"機能セル"➡"機能セル"単位に回路・構造図等詳細設計情報を創る➡機能セル単位に加工・組立図や工程別作業図等生産設計情報を創る」新しい設計プロセスが水平分業型ものづくりに有効である。

前節以前で示した図表5-9の筐体加工の生産設計事例、図表5-10の組立工程の作業順番と工程別作業図の事例、図表5-3の作業の流れと全体作業リードタイム事例、図表5-17のモジュール工程別作業図、図表5-18のCPU基板へのMPU取付け工程別作業図などのように加工の方法、手順、作業の取付け順番、及び作業の注意事項など製品品質を確保する作業指示、及びコストを決めるリードタイム目標までの機能セル単位の作業指示を作成する"機能セル単位に1対1で後工程リンクするモノづくり設計"が「水平分業型ものづくり」における品質・コストを確保する。

機能設計情報から詳細・生産設計情報変換のIT技術活用

3-1 機能設計情報から詳細設計情報へのIT化変換

エネルギー物理動作を必要とする機能セルを詳細設計情報へ変換

　最初に、詳細設定情報に変換しようとする機能セルが、ハード／ソフトのいずれで構成されるモノかを判断する。対象の機能セルがエネルギーを扱う物理的動作を必要する機能「例えば、交流電源エネルギー⇔直流電源エネルギー間の変換機能、電気エネルギー⇔回転動力エネルギー間の変換機能等」はハード回路で実現するモノで、回路方式・構成は1990年代後半頃までに確立されている。その後、この分野での進化は電力半導体素子の大容量化・スイッチング速度の高速化が中心で、回路方式・構成の進化の余地がほとんどない。

　したがって、この分野の機能セルから回路図等の詳細設計情報への変換はIT化が可能となった。インバータの例では、①用途及びインバータ機能の容量等に適した回路方式を選択し、②容量に応じて「必要容量➡電力半導体素子の電圧・電流➡最新の素子型式」、③「最新の素子型式推奨➡ダイオード・コンデンサ定格➡最新の部品型式」など最新ビッグデータを用いたIT技術で決定し、最新の部品型式での回路構成図等の詳細設計情報にIT化変換できる。こうなれば設計者がITで変換された回路構成図を確認・チェックするだけで作業は完了する。

　しかし、全く新しいジャンルの製品開発において、新しい機能セルで新しい回路方式・構成が必要となった場合は多分野での設計情報を参考に、新たに設計者が知恵を使って創る必要がある。その場合には、他分野での機能セルの回路方式・構成事例などのビッグデータを参考にIT技術と人との共生により作成する。

エネルギー物理動作不要な機能セルを詳細設計情報へ変換

　エネルギー変換や大電流を流す等のエネルギーを扱う物理的動作を伴わない機能セルはⓐ高速な信号処理を必要とする機能と、ⓑ複雑な制御処理を必要とする機能とに分類される。

　前者ⓐの機能は図表5-19に示す画像（映像）の信号処理のように、被写体

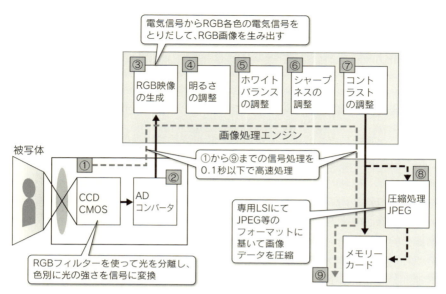

図表5-19　画像（映像）の信号処理の流れ

　の数千万画素の画像を①の撮像素子CCDやCMOSの信号処理から⑨のメモリ格納の信号処理までを0.1秒以内に高速処理する必要があり、動画映像の場合はさらに高速信号処理が必要となる。このように高速な処理が必要な為、マイコンのソフト演算処理では対応できないので、専用LSI等のハード部品で構成することに特徴がある。現在では①〜⑧の5千万画素を超える信号処理機能はデジタルカメラやビデオカメラにコンパクトに内蔵できるように、それぞれ専用の信号処理LSIで構成されている。また、**図表5-8**で示した「WiFi送受信機能」のような無線通信の信号処理や上記映像の信号処理などの原理・回路方式も1990年代後半頃までに開発され、それ以降は半導体の進化と共に「高速化と高集積化」により回路構成部品実装のプリント基板からLSIワンチップやCANモジュールの小形化に発展している。したがって、この分野での機能セルの詳細設計は高機能化された「ワンチップのLSI部品を選ぶ」IT化変換で済む。

　後者ⓑの機能は前記の信号処理ほどの高速処理は必要ないが、数十マイクロ秒〜ミリ秒の処理が必要で、**図表5-1**に示したPWM制御のように高速処理が必要な機能は、アナログ演算器を使ったハード回路で構成していた。しかし1990年代後半頃にマイクロプロセッサの処理高速度化と専用信号処理機能

(DSP機能)内蔵化により「内蔵専用信号処理回路活用したソフト演算処理方法」が確立された。また、次に**図表5-15**に示した「100マイクロ秒の高速処理が必要なベクトル制御」のような複雑な制御処理もソフト演算処理で対応できる。したがって、機能セルの機能構成がそのままソフト機能仕様に対応できるので詳細設計情報をIT化変換できる。

3-2 詳細設計情報から生産設計情報へのIT化変換

部材生産設計（部品調達設計）

前節で述べたように機能セルの詳細設計情報のインバータ回路、伝送信号処理回路や画像信号処理回路など回路方式・構成は大半が確立されているので、必要な機能部品名と員数は蓄積された設計情報データ（設計BOM：Bill of materials）から得られる。

生産設計としては用途に応じた仕様により、例えば、㋑インバータ容量➡回路方式➡IGBT素子仕様（電圧○□○V、電流△□△A）➡最新IGBT型式を選択、㋺無線伝送用途➡WiFi送受信など方式／伝送速度➡最新の部品型式を選択のように、「機能セル名、用途に応じた仕様等」を設計BOMに入力するIT化で生産設計情報に変換できる。設計者は変換された生産設計情報を確認するだけで済む。

部材生産設計（部材加工設計）

3章3節で機能セルは「機能部とパラメータ部」で構成する事を述べた。生産設計では**図表5-20**に示す筐体や筐体加工部品のパラメータ部｛高さ（H）、幅（W）、奥行き（D）等｝を用途に応じた仕様より変更して「例えば、㋑1相IGBTインバータモジュールケース➡インバータ容量➡高さ（H）、幅（W）、奥行き（D）算出」、算出した寸法のモジュールケースの筐体部品を設計BOMの支援で生産設計情報に変換する。

組立生産設計（部品のセット配膳設計と手順設計）

大半の製品の機能セルを実現する回路方式・構成は自部門あるいは他部門で確立されている。したがって、機能セルに必要な回路を構成する部品、加工した部材（筐体、ラミバス等）、組立構成図、及び配膳データなどの生産設計情報が抽出できる。

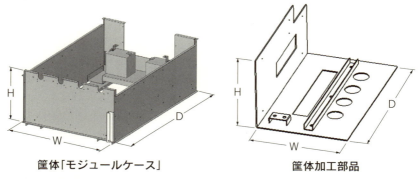

筐体「モジュールケース」　　　　筐体加工部品

図表5-20　筐体（部材）加工機能セルの生産設計情報のパラメータ部

　しかし、新しい機能セルで新しい回路方式・構成が必要となった場合は他分野での設計情報を参考に、新たな回路構成が詳細設計で創られるので、その詳細設計情報より生産設計情報を新たに作成する。組立生産設計の中で重要なのは「組立の取付け順序・手順」設計である。

　組立の取付け順序・手順の設計は従来ベテランの製造現場技術者が決めていたが、組立順序評価法のIT化設計ツールが整備されて、正しい組立順序を90%程度決定できるようになってきているので、IT化設計ツールの結果を製造現場のベテランの技術者に評価手直しして貰う事で、組立リードタイム及び組立品質を左右する「組立順序、及び工程別作業画面」の生産設計情報にIT技術により変換できる。

作業リードタイム設計

　作業リードタイムは前記工程別作業図等の生産設計情報と**図表5-15**に示す作業原単位データより積算できるが、最大の課題は作業現場の実力の評価である。図に示すだけでも実力の評価により2.0〜15倍と大きく変動する。

　作業現場の実力を測定するシステム事例を**図表5-21**に示す、このシステム事例は各作業工程の作業開始時間と終了時間をRFIDに書込んで行くシステムである。①の作業開始から⑩の作業終了までの全体リードタイムと各作業工程のリードタイム、及び各作業間の待ち時間を測定できる。この測定時間と作業原単位データより積算値とを比較分析する事で、各作業別の実力作業原単位を算出できる。この測定を定期的に行い、分析する事により、対象作業現場の実力補正係数を決定できる。決定した実力補正係数を用いることで正確な作業

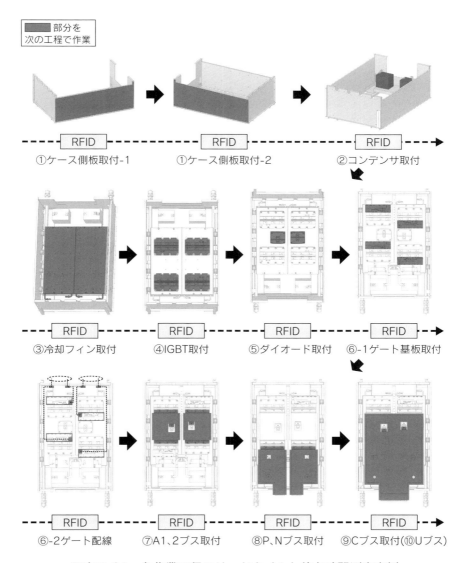

図表5-21　各作業工程のリードタイムと待ち時間測定事例

リードタイムをIT化で算出できる。[7] [8] [9]

第 5 章のまとめ

(1) 機能設計で創った機能セル単位に詳細設計と生産設計を行い、詳細設計情報と生産設計情報に変換設計する。
(2) 機能セルの回路構成などの詳細設計は、1990年代後半までに技術確立されているので、IT技術を活用した変換設計への移行が期待できる。
(3) 製品に具現化するには「部品・機能モジュール等ハードとソフトモジュールの"モノ"」を組合せて構成する詳細設計が必要である。
(4) 各機能セルの詳細設計は①ハード／ソフト機能分担設計、②ハード部の詳細設計、③ソフト部の詳細設計の手順で行う。
(5) エネルギー物理動作を必要とする、高速な信号処理をする機能セルはハード機能分担、その他はソフト機能分担となる。
(6) エネルギー物理動作を必要とし、高速な信号処理を必要とする機能セルの回路方式・構成は90年代後半に確立されて、詳細設計はIT化変換設計にできる。
(7) インバータの詳細設計では1相IGBTインバータを基本セルとして、基本セル×3並列で3相IGBTインバータセルに、3相IGBTインバータセルを複数並列することで大容量インバータに展開する。
(8) 既存製品に「新しい機能セル」を追加し、新製品とする詳細設計では既存製品の機能セルを活用することで、新しい機能セル部分の設計だけで済むので開発設計時間を大幅に短縮できる。
(9) 機能セル単位に詳細設計された生産情報を後工程のモノづくり現場の「調達」「部品製作」「モジュール製作」「全体組立製作」「製品試験」の各ショップに対応して生産設計する。
(10) 「作業順序」設計及び「工程別作業指示画面」設計が製品品質やリードタイム短縮の為重要である。
(11) 「前作業の終了で次の作業指示を液晶画面に表示する」工程別作業指示画面を設計する。
(12) 機能セルで設計するモノづくり設計が"水平分業型ものづくり"で製品品質・コストを確保し、"IoTモノづくり"を加速する。
(13) 機能セルの回路方式・構成は大半が確立されているので、必要な機能部品名等と員数は設計BOMから生産設計情報にIT変換できる。

第6章

機能セルの設計資産化と
その活用

　機能セルは定義した機能を永続的に保ち、また機能に付属する変動部分 ｛詳細・生産設計情報に含まれるパラメータ部等｝はITで最適化している。この常に最新状態にアップデートされ、永続的特性を持つ「機能セル」に名前、機能、変動部のパラメータ等を定義して設計資産に登録しておけば、次の製品開発に再利用できる。それを実現するためには「機能セルをツリー構造にして使い機能設計するITシステム」が必要となる。既存製品の90％以上の機能が踏襲される新製品の開発に設計財産の機能セルを会話型ITシステム等を使って再利用すること、すなわち、「機能セル（プロセル）の組合せで機能設計する方法」｛"プロセル"コンセプト設計｝により、膨大な転記作業が不要となり、開発設計の速度を10倍以上加速できる。

機能セルの資産化と再利用化の為のITシステム

　設計BOMに資産登録する「機能セル」は設計者が会話型IT画面に従い、新規登録すると共に、登録された設計財産「機能セル群」から「開発製品に必要な要素機能」を迅速に検索選択できるITシステムの構築が重要である。

　図表6-1に設計資産「機能セル」設計のITシステム事例を示す。ITシステムは設計者が会話型のIT画面上で、製品開発に必要な要素機能を設計BOMから「該当機能セル」を検索選択して機能設計する。

　ITシステムは「設計者用会話型IT画面ツール複数台」と「設計BOM（機能セル設計システム）」と「マニュファクチャリングBOM」から構成される。機能設計する設計者は設計分野、対象システム／製品名から会話型で進み、図の事例のように画面の該当項目をプルダウンして①駆動システム機能➡②インバータ機能➡③IGBT変換機能➡④そして設計者が必要なIGBT回路構成を選択できる。直接「機能名」から検索スタートもできるなどの使い勝手の改善もできる。また「設計BOM（機能セル設計システム）」で機能設計された設計情報は「マニュファクチャリングBOM」の生産情報と結合しており、製作情報として生産現場に発行される。

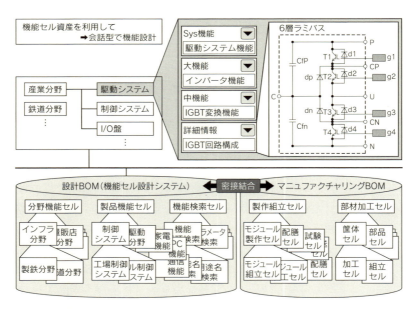

図表6-1　設計資産「機能セル」設計のITシステム事例

第6章　機能セルの設計資産化とその活用

 機能セルの設計資産化

1-1 機能セルの設計資産化の準備

　新製品開発の目標機能を複数の主要要素機能｛大機能セル｝の組合せで構成し、その｛大機能セル｝を複数の補助要素機能｛中機能セル｝の組合せで構成し、その｛中機能セル｝を複数の基本の要素機能｛小機能セル、もしくは機能セル｝の組合せで構成する。すなわち、製品をツリー構造の機能セルで構成する。

　従来の「部品・モジュール等寿命ある物基準で設計する」モノづくり設計方法が時間経過で陳腐化するので、膨大な開発マンパワーを掛けて作成した設計財産が再利用できなかった。その為、永続的に変化しない"機能セル"で設計するモノ創り方法を3章で提案し、詳細な設計方法を述べてきた。

　しかし、機能セルの機能は永続的に変化しないが、機能を製品として具現化する為に必要な「機能に付属する変動するパラメータ部」を最新のデータにアップデートする事が「機能セルで設計するモノ創り方法」の必須条件である。

　したがって、設計BOMに設計財産として保存して再利用を待つ「機能セル」はビッグデータ等のIT技術を用いて最新データに定期的にアップデートして、機能セルを最新の状態に進化させている。

新しい機能セルは機能定義し、名前・分類コードを付けて登録

　機能設計工程で必要となる新しい要素機能には、その都度機能仕様を定義して、「○○○機能セル」と名前を付けて設計財産として設計BOMの中の「機能セル・データファイル」等に仮登録する。ここで、仮登録とするのは、定義した機能セルに後工程で設計される設計情報を次々と付加して機能セルを完成させる為であり、詳細は後で述べる。

　また、設計財産として再利用時の検索を容易にする為に分類コードを図表4-4の事例に示したように「英字1桁＋数字10桁」程度で作る。例えば、英字1桁で分野機能セルを分類、2・3桁目で製品機能セルを分類、4・5桁目で主要なシステム機能セルを分類、6・7桁目で主要な大機能セルを分類、8・9桁目

で主要な中機能セルを分類、10・11桁目で基本機能セル（プロセル）を分類することで、設計者が新製品開発時に設計財産の中から必要とする機能の機能セルを検索できる。但し、規模の大きな製品を扱う場合には、自部門製品だけに限定することや、桁数を増やして主要機能セルの階層を増やす方法も考えられる。

　新しい要素機能の機能仕様定義は"永続的に変化しない機能部分の仕様"の定義に併せて、"時間経過や用途で変動するパラメータ部分の仕様"の定義を行い、時間経過で変動するパラメータ部分はIT技術を使い最新データに定期的にアップデートして陳腐化しない機能セルを保持できる。また用途で変動するパラメータ部分は機能セルを再利用する時の用途に合わせて設定する事で機能セルを最新のモノに保持できる。

分野毎にベースシステム機能を「○○システム機能セル」と登録

　各分野において既存製品や既存システムでベース機能として使われる機能セルを「○○ベース機能セル」として登録することが有効である。すなわち、新製品の機能の90％以上が既存製品の機能の踏襲である状況においては新製品開発期間短縮に有効である。

　例えば、図表5-7で紹介したエアコン機能の従来機能部分を「高機能エアコンベース機能セル」として設計BOMに登録することで、何畳用・寒冷地用等のパラメータ再設定と図の新機能部分の新しい機能セル部分を設計するだけで新製品を短時間の設計で完了できる。

1-2　詳細・生産設計情報を機能セルに付加

機能セル単位に設計した詳細設計情報を機能セルに付加

　機能設計で創られる各機能セルでは、機能セル単位ごとに製品に具現化するための回路構成図などの詳細設計情報が作成される。機能セルと1対1にリンクして作成された回路構成図などの詳細設計情報は製品を具現化する付属情報として機能セルの一部とし登録される。

　製品を具現化する回路構成図などの詳細設計情報には最新部品仕様が含まれている。詳細設計情報に含まれている部品はムーアの法則に代表されるように進化が激しく、6か月～1年で陳腐化する恐れがあり、機能セルの一部であるこの詳細設計情報の為に"永続的に変化しない"という最大の特徴を無くすこ

とになる。ヘタをすると機能セルで定義した"時間経過で変動するパラメータ部分"よりも激しく陳腐化が進む。したがって、ビッグデータより最新部品データを使い、短い間隔でアップデートする必要がある。しかし、監視する部品情報数は非常に多いので、機能セルが登録されている設計BOMの定期的アップデートにはIT化が不可欠である。

機能セル単位に設計した生産設計情報を機能セルに付加

同じく機能セル単位に生産設計で作成する部品調達リストや構造図等生産設計情報は機能を実現する製品として機能セルに不可欠な情報であり、生産設計情報は機能セルの付属情報として登録される。生産設計情報に含まれている部品調達リストは同じく時間経過で変化の激しいパラメータ部分があり、さらに生産設計情報には構造図に含まれる用途にリンクした寸法などのパラメータ部分が多く含まれる。そこで、機能セルに付加する前にパラメータ部の仕様定義を明確に準備する必要がある。

1-3　機能セル名で格納する設計BOMの準備

分野名と機能セル名で設計財産として格納する設計BOM

新しい機能セルを設計財産として登録する「設計BOMのデータファイル構造」が登録時の入力検索、及び再利用時の検索の為に重要である。

4章で述べたように、機能設計で必要となる新しい機能セルは追加するに当たり、機能セルに「用途分野・機能規模・機能定義」などを決めて、ツリー構造で分類し名前を付けて登録する方法を採用した。

登録に当たっては用途分野・機能規模・機能定義を決めて「〇〇〇機能セル」として登録する。例えば、2,500kVA3相IGBT変換機能用の1相IGBT変換機能セルの登録は**図表6-2**に示すように、（大）分野分類から「インフラ設備分野システム」、システム（大）機能分類から「駆動システム機能」、システム（小）機能分類から「インバータ機能」、（大）機能分類から「3相IGBT変換機能」、容量区分のパラメータ部から「2,500kVA」を選び、1相IGBT変換機能セルを機能設計工程で設計BOMに仮登録する。

詳細・生産設計のモノづくり設計が終了した時点で、必要容量から詳細設計した採用素子の「3.3kV3kAIGBT素子仕様データ」（図の斜線枠部分）や回路構成図等の詳細設計情報を1相IGBT変換機能セルのデータに追加する。

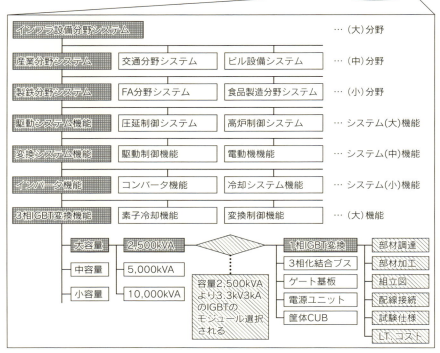

図表6-2　機能セルをツリー構造で格納する設計BOM事例
（入力枠の格子枠は登録された機能セルを選択、斜線枠は判断・入力を示す）

　また、生産設計で作成した図の斜線枠部分の「部材調達リスト・部材加工図・組立図・配線接続図・試験仕様書・LT・コスト予想図」などの生産設計情報と詳細設計情報を1相IGBT変換機能セルのデータに追加して機能セルを設計BOMに本登録する。この本登録により「1相IGBT変換機能セル」は機能を製品に具現化するすべての設計情報を持つ機能セルとして完成する。

機能セルの仮登録から本登録への流れ

　機能セルの設計BOMへの仮登録から本登録の流れを**図表6-3**に示す「2,500kVA用の1相IGBT変換機能セル」の登録する事例で説明する。
　機能セルの仮登録は新しい機能セルの名称に「1相IGBT変換機能」を入力し、分野及び用途は「製鉄分野」「インバータ機能」を選択する。次に「①1

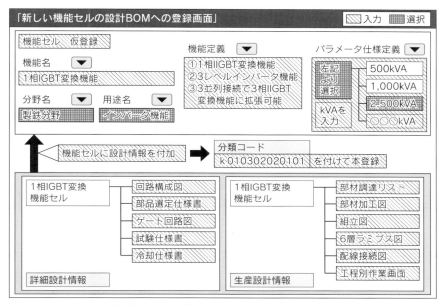

図表6-3　機能セルの「仮登録」➡設計情報付加➡「本登録」

相IGBT変換機能、②3レベルインバータ機能、③3並列接続で3相IGBT変換機能に拡張可能」と機能定義を入力すると共に、機能に付随するパラメータ仕様の容量定義は「2,500kVA用」を選択して仮登録をする。

詳細設計した「回路構成図」「部品選定仕様書」「ゲート回路図」などの詳細設計情報は仮登録した機能セルに付加する。さらに生産設計した「部材調達リスト」「部材加工図」「組立図」「工程別作業画面」などの生産設計情報も仮登録した機能セルに付加する。機能セルと1対1で詳細設計及び生産設計で作成した設計情報を機能セルに付加した事を確認して、分類コード「k010302020101」を付けて本登録する。

検索に配慮した設計BOM

設計BOMとして重要なもう一つの機能は、新しく登録する機能セルが既存の機能セルと重複していない事を確認することである。その為、登録する機能セルの"機能"と類似の機能セル候補を確認できるようなシステムとする事が重要ある。

機能セル選択設計の設計BOMは、ツリー構造の機能セル構成をベースにす

るが、再利用する時の検索方法が設計者によりバラバラである。例えば数人の設計者で新製品を開発する場合には、分担する機能を分割して機能設計し、さらに新人設計者には小機能レベル部分の機能設計を分担させる。その為、分野、システム機能、大中小機能レベル全ジャンルにおけるすべての機能セルからも検索できるようなデータファイルとする必要がある。

設計BOMに設計財産化した機能セルが時間経過で陳腐化しないように、機能セルに付属する部材調達リスト等の「変動するパラメータ部」をビッグデータにある最新部品で定期的にアップデートする。

生態系の不思議「4」{有性生殖への進化}

生命誕生以来、単細胞生物の生殖は無性生殖の細胞分裂である為、親と全く同じクローンとなった。そして単純な細胞分裂である為繁殖力が大きい。ところが、無性生殖のまま細胞分裂を繰り返すと、遺伝子エラーが時々発生する。遺伝子のエラーは大半が致命的エラーで死滅至る。そんな中、紫外線等による染色体変化が発生し、親と違う染色体を持つ「突然変異の子」が生き残った。この「突然変異の子」が「有性生殖」へと進化した。

有性生殖では精子、卵子が雄、雌より減数分裂（染色体の数を半数）し、染色体の数が半数の卵子と精子が受精するため、染色体構成が親と違う受精卵が産まれる。染色体構成の組合せは膨大な数となり、産まれる子孫の多様性が幾何学的数で拡大し、有性生殖に進化してたった500万年で十数種の生物から数万種（現在の種の大半）に急拡大した（カンブリア爆発）。

図のように、受精卵は多細胞生物に細胞分裂「分化細胞は予め決められた各機能の器官（臓器、神経、生殖、手足など）に成長」して、親と同じつくりの個体（クローンで無く、両親の染色体の一部を引き継いだ個体）へと成長する。

有性生殖の成長過程

第6章　機能セルの設計資産化とその活用

設計資産化した機能セルの活用

2-1　機能セルの設計資産の活用準備「活用のしくみ、設定IT画面等」

設計資産「機能セル」の活用

　設計BOMに登録する「機能セル」は部門あるいは企業の設計財産として設計者が共通で製品開発に利用する。

　その為、登録されている「個々の機能セル」は①機能設計できる基準「機能部の定義、変動パラメータ部の定義」が整備されている、②モノづくりに必要な「詳細・生産設計情報」が付加されている、③定期的にITシステムにより最新データでアップデートされるなどの条件が不可欠である。これらの条件が守られてない機能セルが存在すると「設計BOMの機能セルを利用する設計方法」が崩壊することになる。

　したがって、機能セルの設計BOMへの登録、及び機能セルの保管管理のしくみが必要である。**図表6-4**に「機能セル」の活用ルールを示す。図に示すように設計BOMの「機能セル」の健全性を確保する為に、「機能セル」の登録・修正作業は専任部隊だけにできる特権を持たせ、開発担当設計者や受注製品担当設計者には「設計BOM内の機能セル」の内容変更は禁止するルールが必要である。

　これは、各々の設計者に「登録・修正の権利」を与えると、設計中の開発製品の都合で機能セルを一部変更して登録する為、類似機能を持つ機能セルが次々とできてしまうことを防止する事が最大の理由である。

　開発設計者から機能セルの登録申請／修正申請に対し、機能セル管理選任部隊が機能セル登録の評価「機能セルの定義状況」「詳細・生産情報付加状況」「機能セルアップデート状況」などを評価して本登録する特権を持つ。本登録した「機能セル」のみが開発設計者や受注製品設計者に公開され利用できるようになる。

　「機能セルで設計するモノ創り方法」の大前提となる「機能セルは永続的であり、最新の状態に進化したモノ」である事をキチット管理することが必要である。その為、選任部隊は時間経過や用途により変動要因がある「"永続的な機能"に付属するパラメータ部」の定期的なアップデートを実施し、常に最新

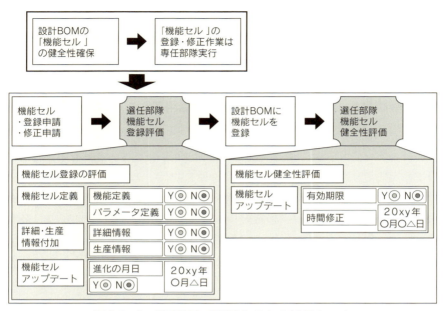

図表6-4　設計資産「機能セル」の活用ルール

の状態に進化させる義務を負う。

　機能セルの登録・修正の評価作業は図に示すように①機能セルが「機能の定義」「パラメータの定義」が再利用者を迷わない定義となっているか、機能にふさわしい名前であるかを評価、②「詳細設計情報」及び「生産設計情報」がもれずに付加されているかを評価、③機能に付属するパラメータ部のアップデート日付が規定以内かを評価して、①②③すべてがY（Yes）で本登録する。

機能名等➡必要"機能セル"の検索システム

　目標機能を構成する為に、必要な要素機能が既に設計BOMに存在するかどうかの検索システムが必要となる。最初に、必要とする"機能名"から「類似する機能を持つ機能セル」を検索し、既存機能セルの機能定義を見て、目的の必要機能にヒットするか調べる。次に必要な要素機能の分野、用途を検索条件に加えて、よりニーズに適した既存機能セルを検索する。

　例えば、必要な要素機能が「速度制御機能」とすると、検索システムで「速度制御機能」の名前で検索する検索システム事例を**図表6-5**に示す。図のように、検索Ａの機能名「速度制御機能」検索では①速度一定制御機能、②速度

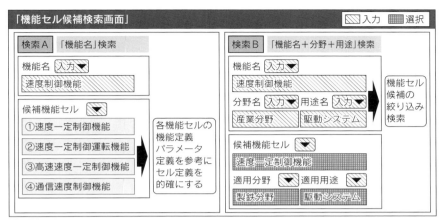

図表6-5　機能セル候補検索システム画面事例

一定制御運転機能、③高速速度一定制御機能、④通信速度制御機能の4つの機能セルが候補として検索される。各機能の機能定義及びパラメータ定義を読めば、①②③④のいずれが目的の用途の必要機能に近いか判断できると共に既存機能セルの機能定義を参考にできる。

　検索Bの「機能名＋分野＋用途」入力での候補機能セル絞り込み検索では機能セル名称は一部異なるが、分野、用途の最適な「速度一定制御機能」が検索できる。ちなみに②速度一定制御運転機能は鉄道車両用機能で、③高速速度一定制御機能は自動車のクルーズ機能で、④通信速度制御機能は無線伝送用の機能である。

機能セルの機能仕様、パラメータの設定仕様確認システム

　目標機能で必要な要素機能に設計BOM内の機能セルを利用する為、設計資産化された各機能セルの機能仕様とパラメータの設定仕様を理解し、誤使用を防止する必要がある。

　前述の"機能名"から検索した機能セルの機能仕様を検索するシステム事例を図表6-6に示す。ここではエアコン冷暖房ベース機能を例に説明する。検索Aの「機能仕様」検索では構成機能仕様のプルダウンスイッチで構成される機能、①圧縮膨張蒸発熱変換機能、②除湿機能、③省エネ駆動機能、④花粉・臭除去機能、⑤リモコン操作機能が表示される。また、④花粉・臭除去機能の詳細機能を調べたい場合は④のプルダウンスイッチにより、④-1埃除去機能、④

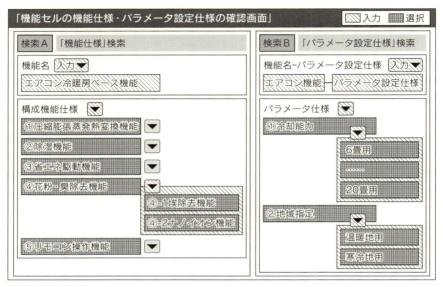

図表6-6　機能セルの機能仕様、パラメータの設定仕様確認画面

-2ナノイオン機能と詳細機能がツリー構造で表示できるシステムとしている。

　検索Bの「パラメータ設定仕様」検索では、パラメータ仕様のプルダウンスイッチでパラメータ仕様①冷却能力、②地域指定が表示され、さらにそれぞれのプルダウンスイッチで詳細のパラメータ設定仕様が表示される。

2-2　機能セルの設計資産としての活用

"プロセル"コンセプト設計で開発設計工数の削減

　これまで説明してきたように、「設計財産の機能セル」で機能設計することで、機能セルの詳細・生産設計情報まで含まれているので、踏襲する既存製品の90～95％機能部分の設計を完了する。その為、「設計財産の機能セル」を利用して設計する方法は、開発設計工数の90％以上を削減できる設計方法と云える。

　この「設計財産の機能セル（プロセル：ProCell）を組合せて製品目標機能を構成設計する方法」を"プロセル"コンセプト設計：ProCell Concept Design」と名付ける。

　機能セルを組合せて新製品を構築するには、登録した機能セルが組合せを可

能とする技術、例えば図表5-3で説明した「3相インバータセット並列を可能とするラミネートブスバー技術」や5章1-2節で説明した「ノイズ防止の実装回路ノウハウ技術」等が付帯されている。

また、設計BOMに格納してある設計財産の機能セルを再利用して、設計時間を削減するには、膨大な機能セル群から新製品開発に必要な機能セルをす早く選択して機能設計をするシステムが必要である。図表6-7に設計BOMの機能セルを選択して新製品の目標機能をITシステム画面で機能設計する事例を示す。この事例では最も基本的なツリー構造の上位機能セルレベルから選択設計する方法を示し、図表6-1と同じくインバータ機能の機能設計事例で説明する。

○□△製鉄（株）から冷間圧延システム用の容量7,500kVA駆動システムを5セット受注した。図表6-2に示すように従来の大容量の容量レパートリーは2,500kVA、5,000kVA、10,000kVAであったので、新たに大容量7,500kVAのインバータ機能システムを設計財産の機能セルを用いて開発設計する必要がある。

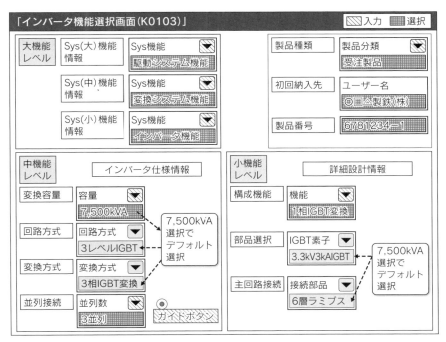

図表6-7　機能セル選択で新製品をIT画面で機能設計する事例

図に示すように①Sys（大）機能情報より「駆動システム機能」を選択、②Sys（中）機能情報より「変換システム機能」を選択、③Sys（小）機能情報より「インバータ機能」を選択、インバータ仕様情報より④変換容量より「7,500kVA」を選択、⑤方式は7,500kVA情報よりデフォルトで3レベルIGBT回路構成を選択、変換方式もデフォルトで3相IGBT変換も選択される、⑥並列接続より「3並列」を選択（並列数＝7500÷2500のガイド付き）、詳細設計情報より⑦構成機能より「1相IGBT変換」を選択、⑧部品選択と⑨主回路接続機能は3.3kV3kAIGBT素子及び6層ラミブスが7,500kVA選択でのデフォルトで選択される。
　このように、「用途に必要な機能セル」の選択と「用途に応じたパラメータ部」の設定で新製品の機能設計を完成できる。

既存製品機能は設計資産である「機能セル」のパラメータ設定で構築
　また、前述のように、設計BOMに本登録された「機能セル」は製品を具現化する為の回路構成図等の詳細設計情報と部材調達リスト・部材加工図・組立図・配線接続図・試験仕様書・LT・コスト予想図等の生産設計情報がセットで登録されているので、ITシステム画面上で機能セルを再利用した機能設計により「容量7,500kVAのインバータ機能」のすべての設計「機能設計、詳細設計、生産設計」が完了できる。

新しい機能追加と既存機能セル活用での新製品の機能設計
エアコンベース機能セルを活用する事例（図表6-8）
　新製品の機能の90％以上が既存製品の機能を踏襲しているので、設計BOMの設計財産として保存されている「機能セル」を用いて新製品を開発設計できる。ここでは「設計BOMの機能セルを利用して構築するIT機能設計システム」で新しい機能を追加するエアコン新製品の事例を述べる。
　最初に既存のエアコンベース機能の要素機能を図のように設計BOMの機能セルからプルダウン選択して行く。この操作で、90％以上の機能を占めるエアコンベース機能の機能設計が完成する。
　次に追加する新しい機能「外出先リモート機能」を図のように入力して、「外出先リモート機能」の要素機能1「本体WiFi送受信機能」、要素機能2「本体に新機能を結合する機能」、要素機能3「設定温度対応運転演算機能」、要素機能4「スマホ側エアコン操作機能」を入力して機能設計を行い、エアコン

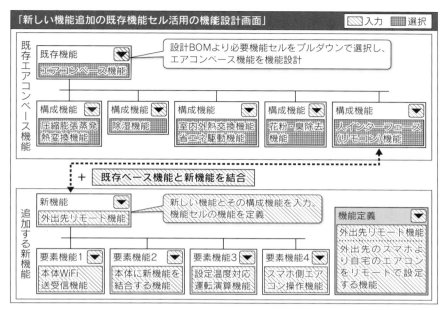

図表6-8　エアコンベース機能セルを活用する開発事例

ベース機能の人インターフェース機能と結合することで「エアコン新製品の機能設計」を完了できる。また、追加する新しい機能セルの定義を図のように入力する。

　既存製品より踏襲する機能の膨大な転記作業をすることなく、このように新製品で踏襲するエアコンベース機能に必要な構成機能を設計BOMから機能セルを選択することで機能設計が終了でき、新しい機能の設計もツリー構造の機能設計フォーマットのITシステム画面上で機能設計して、エアコンベース機能と容易に結合し、短期間で設計を完了できる。

エレベータベース機能セルを活用する開発事例

　図表6-9に、設計BOMに保存されているエレベータベース機能セルを活用して新しいセキュリティ機能を追加する開発事例を示す。

　ビル・集合住宅への犯罪増加という環境変化により、セキュリティ強化へのニーズが高まり、ビル・集合住宅の通過道となるエレベータに着目し、24時間監視をするというセキュリティの新しい機能を追加する。

　エレベータベース機能セルはAI技術やベクトル制御技術を活用し「待ち最

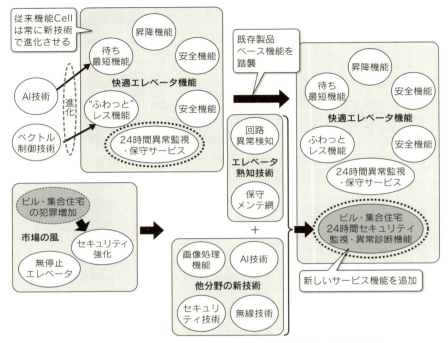

図表6-9　エレベータベース機能セルを活用する開発事例

短機能」「"ふわっと"レス機能」の最新機能を持つ"快適エレベータ"に進化している。設計BOMに保存されたこのベース機能をそのまま踏襲し、他分野で使われている新技術「画像処理による通過人認識、通過時間帯の異常監視」「通過人セキュリティ監視」等の機能と自部門のエレベータ24時間異常診断等技術を結合して「ビル・集合住宅24時間セキュリティ監視・異常診断機能」を開発する。

自動車安全停止ベース機能セルを活用する開発事例

図表6-10に設計BOMに保存されている自動車安全停止ベース機能セルを活用して新しい自動衝突防止機能を追加する開発事例を示す。

高齢者事故の多発が社会問題化して、うっかり衝突の防止とこの防止機能をもった装備の義務化で一気に自動衝突防止の新しい機能セル開発が必須となった。

そこで、従来の自動車安全停止ベース機能セルを活用して、新しい機能「自

第6章　機能セルの設計資産化とその活用

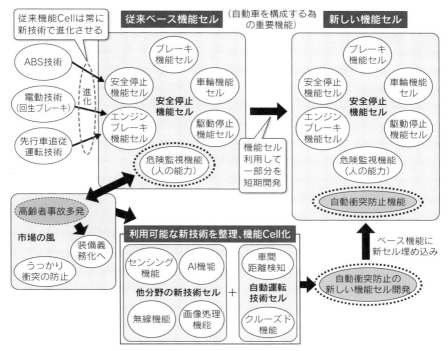

図表6-10　自動車安全停止ベース機能セルを活用する開発事例

動衝突防止機能」を追加開発する。新しい機能の開発に当り、他分野の新技術「画像処理機能」「無線機能」「センシング機能」「AI機能」と自動運転の新技術「車間距離検知機能」「クルーズド機能」を組合せて「自動衝突防止の新しい機能セル」を開発し、従来の自動車安全停止ベース機能セルに新セルを埋め込む開発設計をした。

3 設計資産化の機能セル利用による製品開発事例

3-1 設計財産の利用で設計リードタイム短縮

　デパートや家電量販店等の小売り販売分野、レストランや居酒屋等の外食分野等多数の店員が多数の顧客にサービス対応している場所では、店員が1対1で顧客とサービス対応（居酒屋などでは数人の顧客）して、注文内容を聴いて、厨房やレジ等の店中央に連絡登録して顧客に商品を提供するサービスをしている。

　しかし、さらに注文対応を迅速にし、サービスの向上を図るためサービス端末「ハンディターミナル機能」の新製品を既存機能セルの活用により開発設計する事になった。**図表6-11**で、設計リードタイムを大幅に短縮したこの開発設計事例を述べる。

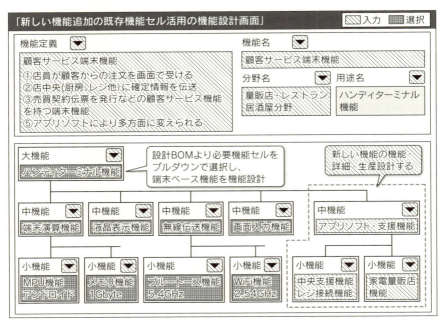

図表6-11　既存機能セル活用のハンディターミナル機能設計事例

第6章　機能セルの設計資産化とその活用

（A）最初に「顧客サービス端末機能」に要求される要素機能を入力する。それは①店員が顧客からの注文を画面操作で受ける、②受けた注文内容は店中央（厨房、レジ他）に確定情報として伝送する、③注文内容の伝票を店中央（厨房窓口、レジ他）で印刷し顧客用に発行するということだ。併行して④厨房や倉庫では注文商品を準備する等の顧客サービス機能を持つ機能、⑤加えて多方面の分野、用途のサービス端末に「アプリソフト」入替えで切替えられる機能等を機能定義する。

（B）次に機能名・分野名・用途名を入力して、設計BOMに保存されている「機能セル群」から用途分野に的確な機能セルが選択できるように準備をする。
　既存製品のハンディターミナル機能は室内外の無線通信機能、画面入力機能を持つ液晶表示機能を持ち、漢字変換、加減算四則演算や伝票などプリンタ接続機能など簡易パソコン機能を有しているので、ハンディターミナル機能をベースに設計BOMより必要機能セルをプルダウンで選択し、新製品の「顧客サービス端末機能」を設計する。

（C）設計BOMの大機能セルレベルより「ハンディターミナル機能セル」を選択、中機能セルレベルより新製品で必要な要素機能である「端末演算機能セル」「液晶表示機能セル」「画面入力機能セル」「無線伝送機能」を設計BOMよりプルダウンで選択設計する。引き続き、小機能セルレベルで機能と機能付属のパラメータを選択する。「端末演算機能セル」の要素機能「MPU機能及びOS機能"アンドロイド"」「メモリ機能及び容量"1Gbyte"」を選択設計、「無線伝送機能」の要素機能「WiFi機能及び通信速度"2.54GHz"」「ブルートゥース機能及び"5.4GHz"」を選択設計する事でハンディターミナルベース機能の機能設計が完了する。また、選択した「機能セル」は詳細設計及び生産設計を含めたすべての設計情報がセットで格納されているので、「ハンディターミナルベース機能」のすべての設計が機能設計システムのIT画面上の選択設計だけの短時間リードタイムで完了する。

（D）次に新しい機能として必要な要素機能を図のように入力し機能設計をする。中機能セルレベルの機能「アプリソフト・支援機能」とその小機能セルレベルの要素機能「中央支援機能、レジ接続機能」及び「家電量販店機能」を機能設計する。新しい機能は詳細設計及び生産設計をして、すべての設計情報をセットして機能セルに登録する。

　以上のように設計BOMに管理され、最新データにアップデートされている「機能セル」を再利用して、新製品を開発設計することで、新製品に必要な要

161

素機能の内10％以下の（D）で述べた新しい機能の設計だけで設計を完了できる。そのため、開発設計のリードタイムは10分の1以下に短縮できる。

テンションリール用駆動システム機能の開発事例

駆動システム機能の応用展開ではほとんどの分野が回転数所定速度一定の速度制御で使用される。製鉄分野やゴム分野や製紙分野では、圧延機で、圧延される鋼板コイル、ゴム板ロール、紙ロール等を一定張力で引っ張る必要がある。その為、圧延速度に合わせる為、コイル径に反比例の回転速度で煎速しながら張力を一定にする必要がある。

張力一定速度制御機能を追加する製品を既存機能セルの活用により開発設計する事で設計リードタイムを大幅に短縮する図表6-12の事例を述べる。

（A）最初に「張力一定速度制御機能」の要求される要素機能を入力する。それは①鋼板圧延機とコイル（巻取り、巻き戻し）間の張力を一定に制御する、②圧延機の圧延速度に煎速制御する、③コイル径に応じた回転速度に制御

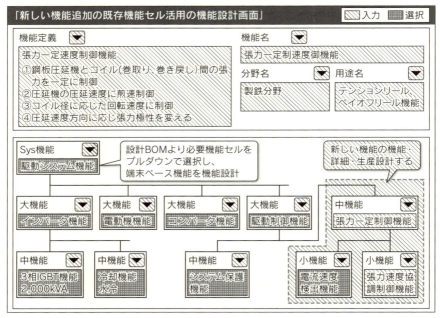

図表6-12　既存機能セル活用の「テンションリール用駆動システム機能」設計事例

する、④圧延速度方向に応じ張力極性を変える等で、これを機能定義する。

（B）次に機能名・分野名・用途名を入力して、設計BOMに保存されている「機能セル群」から用途分野に的確な機能セルが選択できるように準備をする。

（C）設計BOMのSys機能セルレベルより「駆動システム機能セル」を選択、大機能セルレベルより駆動システム機能で必要な要素機能である「インバータ機能セル」「電動機機能セル」「コンバータ機能セル」「駆動制御機能セル」を設計BOMよりプルダウンで選択設計する。引き続き、中機能セルレベルで機能と機能付属のパラメータを選択する。「インバータ機能セル」の要素機能「3相IGBT機能及び容量"2,000kVA"」「冷却機能及び水冷方式」を選択設計、「駆動制御機能」の要素機能「システム保護機能」を選択して駆動システムの機能設計が完了する。

次に新機能「張力一定制御機能」を新規に入力する。「張力一定制御機能」の小機能セルレベル要素機能「張力速度協調制御機能」を新規に入力、また必要な要素機能の内「電流速度検出機能」は設計BOMより選択設計する。したがって、「張力一定制御機能セル」と「張力速度協調制御機能」だけの機能〜生産設計をすることで、テンションリール用駆動システム機能の設計を短時間のリードタイムで完了できる。

3-2 同じ要素機能を繰返し使う開発設計のリードタイム短縮

インバータ変換システムの基本変換機能セルからの製品開発

図表6-7で既存システム製品に無い容量7,500kVA駆動システムの開発を設計BOMの機能セルを活用して選択設計で開発した |"プロセル"コンセプト設計| 事例を説明した。

この「"プロセル"コンセプト設計」（設計BOMの機能セル選択設計で開発設計）では、"プロセル"（共通1相IGBT変換機能セル）を3並列化➡2,500kVAの共通3相IGBT変換機能セルに展開した。さらに、その共通3相IGBT変換機能セルを利用して、5,000kVA、10,000kVAの大容量レパートリーに展開していた。したがって、新しい顧客要求の容量7,500kVAインバータ機能は従来の延長として、"プロセル"コンセプト設計で容易に開発できた。

しかし、製鉄分野システムでは1,000kVA、2,000kVA、3,000kVAを必要とするシステムや500kVA、1,000kVA、1,500kVAを必要とするシステムが存在し、各ユーザーから要望があり開発が必要となる。図表5-6で示したように

「共通1相IGBT変換機能セル→3並列化→共通3相IGBT変換機能セル→他並列化で大容量化」の基本となる共通1相IGBT変換機能セルの開発だけでプロセルコンセプト設計によりインバータ変換システムをレパートリー化できる。

基本機能セル「プロセル」を開発して、その基本機能セル「プロセル」を利用してレパートリー製品開発の開発設計リードタイムを短縮する事例を図表6-13に示す。図のように基本機能セル（プロセル）「1相IGBT変換機能セル」を開発→その基本機能セル（プロセル）を3並列化して「共通3相IGBT変換機能セル（大プロセル）」に成長させる→その共通3相変換機能セルを他並列化して「大容量変換システム」に成長させる。

3レベルIGBT変換機能セルの機能に付随するパラメータ「IGBT素子容量」を変更することで、Ⓐ3.3kV3kA素子→3相変換セル容量2,500kVA→2並列変換システム容量5,000kVA、Ⓑ3.3kV1.2kA素子→3相変換セル容量1,000kVA→2並列変換システム容量2,000kVA、Ⓒ2kV1.0kA素子→3相変換セル容量

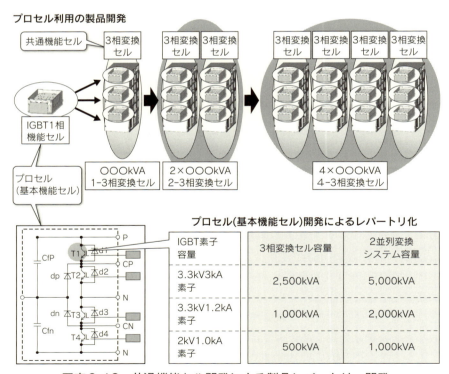

図表6-13　共通機能セル開発による製品レパートリー開発

第6章 機能セルの設計資産化とその活用

500kVA ➡ 2並列変換システム容量1,000kVAとレパートリーのシリーズ化がプロセルコンセプト設計を用いることで容易にできる。

すなわち、基本機能セル（プロセル）の機能・詳細・生産設計の基本開発と基本開発のパラメータ部 ｛IGBT素子を3種類設定｝ の変更設計とプロセルコンセプト設計によりインバータの変換システム容量が500kVAから10,000kVAまでのシリーズ化が完成できる。

FAシステムの信号入出力モジュールの共通機能セルの開発展開

FAシステムでは制御する設備の種類が多く、設備からの入力信号の種類と設備への出力信号の種類が多いので、信号入出力モジュールの種類が多数必要となる。

また、FAシステムでは、中央演算制御CPUユニットと制御される設備が離れている為、設備の近くに設置する信号入出力モジュールとシリアル信号でインターフェースする方式の省線化ニーズや並列インターフェースする方式での高速応答ニーズがある。その為、CPUユニットと信号入出力モジュールとのインターフェース結合部に共通インターフェース機能セルがある事がある。

図表6-14に示すように①CPUユニットとのインターフェース機能「A1シリアルインターフェース機能セル ｛シリアル⇔パラレル変換機能付き）」、「A2パラレルインターフェース機能セル」の2種機能セル ｛A1｝ ｛A2｝、②入出力データを一時記憶する機能「B入出力信号をデータとして一時記憶する機能セ

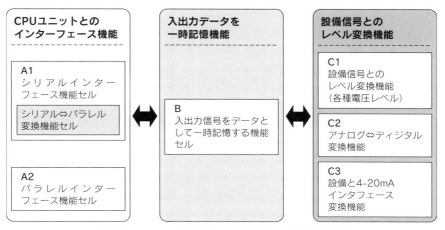

図表6-14　共通機能セルの組合せで製品開発

ル」の機能セル ｜B｜、③設備信号とのレベル変換機能「C1設備信号とのレベル変換機能（各種電圧レベル複数①②③…）」、「C2アナログ⇔デジタル変換機能（アナログ信号電圧他数種⑩⑪⑫…）」、「C3設備と4－20mAインターフェース変換機能」の3種類の機能セル ｜C1｜ ｜C2｜ ｜C3｜ を共通機能セルとして開発する。

　これらの共通機能セル ｜An｜ ＋共通機能セル ｜B｜ ＋共通機能セル ｜Cn｜ を組合せ設計する「プロセルコンセプト設計」により、機能セルを設計することなく、共通機能セル（プロセル）を組合せする機能設計だけで、詳細・生産設計もほとんど不要となり、信号入出力モジュールのシリーズ開発を短期間で完了できる。

3-3　設計財産の利用で研究開発のリードタイムを短縮

　研究開発も医療分野などの一部を除いて、全く新しいジャンルの研究は少なくなっており、従来技術に新しい技術や進歩の激しい半導体デバイスの新素子応用など改良に近い研究が多くなっている。

　したがって、製品開発と同じく既設財産を「機能セル」で整理・管理して、再利用する事により研究開発期間を大幅に短縮できると考え、機能セルを用いた研究開発の方法を提案する。

　新しい電力半導体素子「SiC素子」が開発された。従来のIGBTなどの電力半導体素子は材料にシリコンウエハーを用いていたが、新素子はシリコン（Si）と炭素（C）で構成される化合物半導体材料「シリコンカーバイド（SiC）を用いている為スイッチング損失を大幅に減少できるメリットがある。しかし、材料の歩留まりがまだ低い為コストが高いというデメリットがある。材料の歩留まり向上によるコスト低減を見込んで、鉄道車両用電動機駆動システム等への適用研究が進められている。

　新しい電力半導体素子「SiC素子」採用の電動機駆動システムを、機能セルで研究開発した事例を図表6-15にて説明する。

　機能セルを用いる研究開発方法では図のように、①駆動システム機能の主要機能セル「電動機機能セル」「インバータ機能セル」「制御機能セル」とそれぞれの要素機能セルを分析整理する。②整理した要素機能セルの内、新しいデバイスが関連する機能セルを新しいデバイスの特徴で分析「素子制御電圧電流が変化➡ゲート機能を変更」、「ターンオンオフ時間と制御最小パルス巾が小さい

第6章 機能セルの設計資産化とその活用

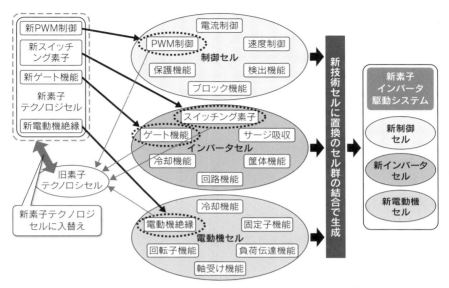

図表6-15 設計財産の利用で研究開発の研究LT短縮事例

➡PWM制御機能の変更が必要」、「スイッチング速度が速いので跳ね上がり電圧が大きい➡電動機絶縁機能強化が必要」等より図の点線マークの機能セルを「旧素子テクノロジー機能セル」として抜き出す。③駆動システム機能の必要な「新素子テクノロジー機能セル」の要素機能「新スイッチング素子機能セル」「新ゲート機能セル」「PWM制御機能セル」「新電動機絶縁機能セル」に特化して研究開発する。研究開発を完了した「新素子テクノロジー機能セル」を「旧素子テクノロジー機能セル」と入れ替えて機能セル群の結合により新素子「SiCインバータ機能」の駆動システムが完成する。

このように機能セルを用いる研究開発方法では新素子テクノロジー機能セルの要素機能セルだけを研究開発し、後は「旧素子テクノロジー機能セル」と入れ替えるだけで済むので、短期間の研究開発ができる。

進歩の激しい半導体デバイスは高速・高性能なマイクロプロセッサ（MPU）デバイスや無線伝送デバイスが次々と開発されているので、これら新しいデバイスを活用する事が製品開発・研究に重要である。これらの新しいデバイスには各々用「周辺デバイス」や「ソフトウエア」があるので、新素子テクノロジー機能セルに漏らさず組込むことが必要である。

第6章のまとめ

(1) 各機能セルは機能が永続的で、機能に付属する変動部分は最新情報に最適化しているので、各機能セルに名前、機能、変動部を定義して設計資産に登録して再利用する。

(2) 設計資産とする機能セルを、機能名、分野、用途、分類コード等ツリー構造で定義できる会話型のITシステムを準備する。

(3) 新しい機能セルは機能設計段階で設計BOMに仮登録し、機能セル単位に1対1で詳細・生産設計した設計情報を付加して本登録し、設計財産の「機能セル」とする。

(4) 登録された機能セルは機能セルに付随するパラメータ部を定期的にビッグデータにある最新データによりアップデートして機能セルを常時最新の状態に保つ。

(5) 設計財産とした機能セルを検索、選択してIT画面上で機能設計できる「活用のしくみ及びITシステム」を準備する。

(6) 製品開発に必要な機能セルを機能名、用途、分野等の検索方法により、迅速に検索・選択できる対話形式のITシステムを準備する。

(7) 機能セルの再利用時の誤使用防止の為に選択した機能セルの機能仕様、パラメータの設定仕様を確認できるITシステムを準備する。

(8) 「設計財産の機能セル（プロセル：ProCell）を組合せて製品目標機能を構成設計する方法」を「"プロセル"コンセプト設計」と名付ける。この設計法により、製品開発設計時間を10から20倍に短縮できる。

(9) 繰り返し利用できる「共通機能セル（プロセル）」を各種準備して、その共通機能セルを組合せて設計する製品レパートリ開発で設計リードタイムを大幅に短縮できる。

(10) 研究開発も製品開発と同じく既設財産を「機能セル」で整理して、再利用することにより研究開発期間を大幅に短縮できる。

コラム　生態系の不思議「5」{植物の受精のしくみ}

　工夫に富んだ「被子植物の受精の進化」を下図で紹介する。
　被子植物は精子が水中でしか移動できないので、下図のように、精子である花粉の「雄原細胞」の中に水の管を作る「花粉管核」を設けた。花粉が①雌しべに付くと、②花粉から花粉管という「水の道」の管が花粉管核に導かれて、雌しべの卵細胞に向かって伸び、③その管（水）の中を2個の精細胞が移動して、卵装置に到達すると、④1つが卵細胞と受精、もう1つが中央細胞と受精する「重複受精」という方法に進化した。
　この重複受精は子育てを直接できない植物細胞が、将来幼植物になる「胚」をつくると共に、中央細胞は発芽に必要な養分を供給する「胚乳」を準備して、確実に子孫を残すしくみに進化したのである。

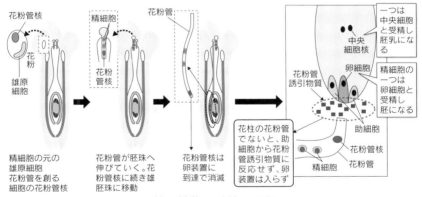

被子植物の受精の過程

　被子植物の受精後に成長する種子は右図のように、成熟段階で発芽時の栄養となる胚乳に覆われる形で、発芽に必要な幼根、胚軸、幼芽、子葉に器官分化。「多細胞生物への進化時に創られたDNA」の分化細胞シーケンスで成長している。
　硬い種皮で覆われて、動物に食用されても消化されず、地上に糞と一緒に排出されるように工夫している。

被子植物の種子（かき）

生態系の不思議「6」{知能の進化} と {動物「手足」の進化}

＊哺乳類発展の第一のKeyは「知能の進化」である。

　恐竜の繁栄で、隠れた生活を強いられていた哺乳類は、夜間に昆虫を補食する為に聴覚・嗅覚・触覚を統合する必要があった。この夜間での補食生活により、各機能の神経細胞が肥大化していき、脳の肥大化を助長、大脳新皮質の獲得という進化をもたらした。

　また、哺乳類は低酸素の逆境に適応するため小型化戦略をとり、寿命も２年程度と短く、これが恐竜の50倍の速さで哺乳類を進化させた。

＊哺乳類発展の第二のKeyは「手足の進化」である。

　下図のように、軟骨魚類が硬骨魚類へと進化する過程で、エラから胸びれと腹びれへと進化し、さらに陸上へ進出する時に手足へと進化した。

　ウォルフの法則「機能の変化で構造も変わる」、すなわち、"体にかかる力によって骨の形が変わる""骨は一定方向に、反復的に力が加わると折れて、その折れた部分が関節になる"で進化した。指への進化は地面を這った結果、骨が折れて関節に進化した。

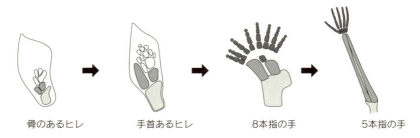

骨のあるヒレ　　手首あるヒレ　　8本指の手　　5本指の手

ヒレから手足への進化過程

＊不連続的な新生物への進化は突然変異から産まれる。

　生態系は紫外線等による遺伝子エラーで生じる生物の"突然変異"が結果的に新しい"生物への大きな進化"を発生せている。

　…"変化"を捉え、今までにない"不連続的なモノを創り出す"生態系からの教えを大切にしたい。

第7章
製品に個性を持たせる戦略Keyセル手法

　日本の強みである「顧客の要求に擦り合せる、擦り合せ技術」を活かし、かつ安いコストで「顧客を満足させる」方法として、顧客を満足させる「戦略Keyセル」を創造し、その「戦略Keyセル」と「個性的機能セル」群を組合せて、顧客の要求に擦り合せつつ、個性的な製品・システムに展開する戦略が考えられる。この戦略により、顧客ニーズに擦り合せた独自のシステム製品を短い設計時間・低コストで製品開発できる。

　ヒマラヤ地域の4500mの高山に咲く"青いケシ"は"戦略Keyセル"として「鮮やかな青い花」を咲かせる戦略をとり、高山で少ない昆虫を「個性である鮮やかな青い色」で集めて、受粉を助けてもらっている。

　この「青いケシ」の戦略のように、「顧客の欲しいコトを"ほかと一味違うモノ創り"で実現する」という独自性が弱肉強食のグローバル市場で生き残るには必要である。世界で戦うためには日本のモノ創り力の強み・弱みを把握した戦略が重要だ。

日本の強みと主要国の強みからの製品開発の考察

日本モノ創り力の強みとモノづくり力の衰退

　かつて、1950年後半頃から日本の家電が「トランジスタラジオや携帯音楽プレーヤーなどの個性を創造して世界中の若者を魅了」したのをはじめとして、1986年に半導体業界でDRAM市場トップ5を日本が独占し世界シェアの80％を独占し、現在主流の半導体素子「フラッシュメモリ」「ノンラッチアップIGBT」を84年に東芝が次々に開発した。その他、コンピュータ、自動車や素材など色々な分野で世界の顧客が欲しがる新製品を次々と開発し、70～90年頃には日本の「ものづくり力」は世界から驚嘆の目で見られていた。

　これらの製品は**図表7-1**に示すように日本の強みである①アナログ性「音質・画質など調整ノウハウ」や生産ノウハウを活かしたモノ創り、②顧客の

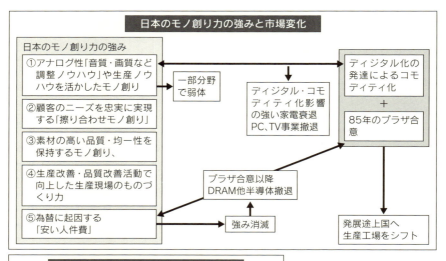

図表7-1　日本のモノ創り力の強みと市場変化

ニーズを忠実に実現する「擦り合わせモノ創り」、③素材の高い品質・均一性を保持するモノ創り、④生産改善・品質改善活動で向上した生産現場のものづくり力、⑤為替に起因する「安い人件費」などに依存していた。

しかし、85年のプラザ合意とデジタル化による製品のコモディティ化で状況が一変した。すなわち、プラザ合意で⑤為替に起因する「安い人件費」の強みが徐々に弱くなった。さらにデジタル化の急速な発達による製品のコモディティ化が進んだ家電分野では①アナログ性「音質・画質など調整ノウハウや生産ノウハウを活かしたモノ創り」のアナログ性の強み「生産・調整ノウハウ」が不要となり、開発元の米国企業から作り方までコモディティ化されたデジタル製品に移行し、世界の"ものづくり"工場が人件費の安い台湾・韓国・中国等に移転した。

その結果、⑤為替に起因する「安い人件費」と①「アナログ性モノ創り」の強み二つを失った日本の産業界は、「アナログ性モノ創りの強み」のウエートの高い家電業界、及び為替変動の影響の高い半導体業界から衰退が始まり、情報家電でリードする米国企業の後塵を拝し、さらに、情報家電やDRAM等汎用ICでは台湾・韓国・中国メーカにも抜かれて、製品の撤退が相次いでいる。

主要国のモノ創り力の特徴

主要国のモノ創り力の強みの概要は日本とEUが擦り合わせ製品であるが、日本のオペレーション重視型に対し、EUはデザイン・ブランド重視型である。USAは知識集約的単機能的製品であり、韓国は資本集約的単機能的製品、中国は労働集約的単機能的製品であると云われている。注) 7.1.1

モノ創りアーキテクチャーと日本モノ創り力の強み

横軸に「顧客の軸（製品のジャンル）」を縦軸に「メーカの軸（製品の位置付け）」の四象限で製品のジャンルを整理した**図表7-2**でモノ創りの特徴を分析する。注) 7.1.1 顧客の軸としては「標準インターフェースで接続できる単機能的製品」と「要求機能を専用仕様で擦り合わせ設計するシステム製品」に分類、メーカの軸としては「業界標準のオープン製品」と「自社設計で完結の囲い込み製品」に分類する。また、縦軸の上方がコスト高の軸で、横軸の左方向が日本の強みの指標と考えられる。

第1象限製品は横軸に他社追随を許さない特化した製品ジャンルの特徴の「オープンインターフェースの単機能的製品」で、縦軸は一度採用すると他製

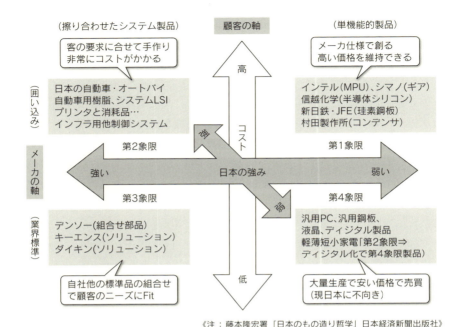

《注：藤本隆宏署「日本のもの造り哲学」日本経済新聞出版社》

図表7-2　モノ創りアーキテクチャーと日本の強み

品に変更し難くなる「顧客囲い込み製品」である。代表的な製品はIntelのマイクロプロセッサ、シマノのギア部品や信越化学の半導体シリコン材料、新日本製鉄やJFEの珪素鋼板等があり、他のメーカが近づけないような特化した性能とシェアを持っている。

第2象限製品は横軸に顧客の要求を忠実にカスタム設計で実現する「擦り合わせたシステム製品」で、縦軸は一度採用すると同じレパートリーを使い続ける「顧客を囲い込む製品」の特徴を持つ。代表的製品は日本の自動車・オートバイ、プリンタと消耗品、及びインフラ用制御システム等があり、第2象限のジャンルの製品は顧客要求を忠実に作り込むのでコストがかかる。

しかし、低コスト化を追求するあまり、専用仕様から汎用仕様の構成品比率を増やしていくと第4象限の製品ジャンルとなり、個性を無くしコスト競争だけの製品に転落する。

第4象限製品は横軸にコストを安くできる大量生産の汎用製品ジャンルの「オープンインターフェース部品で構成する単機能的製品」を、縦軸はオープンな「業界標準製品」であり、代表的製品は汎用PC等のデジタル家電製品、

汎用鋼板・汎用液晶表示器等があり、コストも安いが、安い価格で売買され、発売当初は利益があるが、汎用部品比率が高いので、短期間で同種製品が発売され価格がさがってしまう。

　第3象限製品は縦軸にインターフェース標準の構成品を用いて、横軸の顧客の要求を実現する「擦り合わせたシステム製品」である。後から位置付けられた新しい製品ジャンルで、自社の特徴ある部品を組合せで顧客のニーズに合わせて作り込んだ製品で、デンソーの組合せ部品やキーエンスのソリューション部品などがある。

　85年のプラザ合意までは第1～第4象限の総ての製品ジャンルで日本の強みを発揮していたが、第4象限の製品ジャンルは為替とデジタル・コモディティ化で強みを失い撤退の方向となった。また、デジタル・コモディティ化は第2象限製品であった「アナログ性擦り合わせ技術応用の軽薄短小家電」等の製品群を第4象限製品に替え、日本の強みジャンルから消えて行った。

　第1象限の製品群は長年培っていたノウハウ的エンジニアリング力（アーキテクチャーや方式）及びアナログ的成分構成力等で他社が追随できないKey技術に裏付けられたジャンルで安定している。このジャンルの製品をKey製品として創り上げることが好ましい。

　第2象限の製品群は客のアナログ的な要求を忠実に実現する日本の強みを発揮する製品ジャンルであり、かつ、自動車のハイブリッドを含む駆動エンジンや制御システムのエンジニアリング力等はアナログ要素が多く含まれているので日本の強み製品となっている。

製品に個性を持たせ、自社の強みを活かす「戦略Keyセル」の創造

モノ創りの強みを保持する「Keyセル」モノ創り戦略

　市場環境の変化や技術の進歩によりモノ創りの強みである「アナログ要素を持つ技術」が汎用的なオープンな技術の組合せに移行する事を防ぐことが課題となる。現在の市場の動向は「家電製品のコモディティ化」のように市場の力によって変化させられてしまうということがあり、一方で、低コスト化を追求するあまり、専用仕様から汎用仕様の構成品比率を増やしていき、製品のコモディティ化を自ら行ってしまうという形になっている。いずれも製品がコモディティ化して、個性を失い価格競争だけの第4象限の製品ジャンルに脱落してしまう。

　これらを防ぐには他が短期間で追随できない「アナログ要素的な機能を含むKey機能をもつ」第1象限の部品あるいは構成製品を創造し、そのKey部品を核に顧客のニーズに擦り合わせたシステム製品のモノ創りとする。すなわち、「第1象限のKey部品の創造」➡「Key部品を組み合わせて、顧客のニーズに擦り合わせる第3象限の製品に展開」することで、顧客の要求機能ニーズと低価格で欲しいニーズを満たす事ができる。しかしいずれその「アナログ要素的なKey機能」もコモディティ化される運命にあるので、弛まず新しい「アナログ要素的なKey機能」を創り続ける戦略が必要である。

　図表7-3に第1象限での"戦略Keyセル化"と第3象限のシステム製品展開戦略の概略図を示す。

　図に示すように第1象限の標準部品機能セル域にアナログ的機能のKey技術で製品に個性化を発揮させ、かつ他社の模倣防止や短期間で他社が追従できない"アナログ的ノウハウの鍵"を埋め込んで"戦略機能セル"「KeyProCell」を開発する。

　開発した「戦略Key機能セル（KeyProCell）」を中心に社内の「標準機能セル（ProCell）群」及び社外の「魅力ある機能セル（ProCell）」を組合せて"製品に個性機能"に擦り合わせて「戦略マクロ機能セル（戦略MetaProCell）」を創る。

　設計資産の機能セルを活用して顧客の要求機能を設計する設計方法を用いて、擦り合わせて創り、設計資産化した「戦略MetaProCell」を活用して顧客

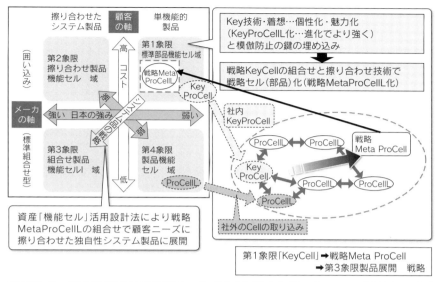

図表7-3　第1象限での"戦略KeyCell化"と第3象限のシステム製品展開戦略

のニーズを満たすシステム製品に展開する。「戦略MetaProCell」を活用して顧客の要求するシステムを構築することにより、他社が真似できない「独自性のシステム製品」に仕上げる事ができる。

将来のFA生産システムの機能の戦略Keyセル分析

図表4-2で述べた｜夢を語る会での"できたら良いな〜！"と思う「将来のFA生産システムの機能｣｜での「戦略Keyセル機能」について分析する。

①「コンピュータ機能＋高速シーケンサ機能」をワード（16or32ビット）演算処理機能とビット演算処理機能を融合させたノウハウが戦略Keyセルであり、他社の追随を長い期間防ぎ、今でもコントローラの主流機能の位置にある。②の「設備拡張に対応してコントローラセルを数台〜50台に拡張できる機能」は分散セル結合機能方式として現状でも有効な戦略Keyセルと考えられる。③の「分散するアクチュエータ・検出器と接続する入出力機能」は今後発展するIoT展開で不可欠な機能である。④の「暗い現場で見えるツール機能」と⑥の「設定指示用パネルコンピュータ機能」はコモディティ化した機能である。⑤の「現場の各業務担当技術者が選択使用できる多言語プログラミング機能」の考え方は、今後も市場変化に応じた個性を発揮する戦略Keyセル

となると考える。

鉄道車両分野における"戦略Keyセル"機能の発想事例

　日本では欧米に遅れて、1964年の東京オリンピックの直後からモータリゼーションが進んでいった。一方、鉄道車両は高度経済成長期後半以降、国鉄において大事故の続発や赤字経営のため度重なる運賃の値上げや労使対立によるストライキ・遵法闘争の乱発による運行の不安定化などによって鉄道離れが加速した。

　しかし、2000年代以降長期不況や価値観の変化及び都心回帰を背景に車離れが都市中心に始まった。また、地球温暖化の要因の二酸化炭素削減が世界的に強調され、二酸化炭素排出量が自動車に比べ極端に少ない「鉄道車両」の利用が加速した。

　利用者の増加と共に、鉄道車両を含めた鉄道車両輸送機能に対する「顧客から要求されるコト」の解決が進み、駅周辺のショッピングや切符のスマホ予約・切符レス化など利便性が向上し、さらなる利用者増加につながっている。

　鉄道車両における"戦略Keyセル"機能について**図表7-4**にて"顧客の困っ

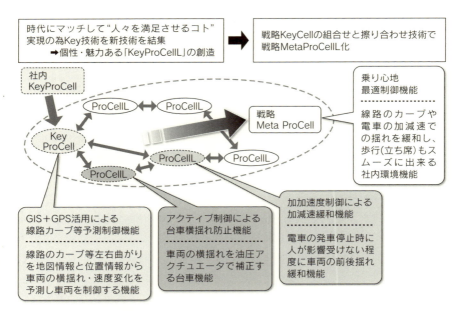

図表7-4　鉄道車両における"戦略KeyCell"機能の発想事例

ているコト"からの戦略Keyセルを考える事例を説明する。都市部の朝夕の近郊電車では半分近い乗客が立ちの状態で、車両の発車停車時の前後揺れや線路の曲がりによる左右の揺れに困っているが、解決されていない状況が続いている。

　特急電車では線路のカーブにたいする車体傾斜・横揺れを緩和する「制御付き振り子列車」方式が採用され1990年代から運転され、台湾鉄道他にも輸出されているように、車両台車に油圧アクチュエータを付ける「横揺れ緩和制御方式」が確立されている。

　また、エレベータのスタート／停止近傍で乗客の感じる"ふわっと"感を防止した「電動機のベクトル制御による加加速度（ジャーク）制御機能（加速度の変化率を一定値以下に）」を活用することで、車両の発車停車時の人が感じる前後揺れを緩和できる。

　GIS及びGPS技術の発展により、列車運転区間の線路地図情報と車両の位置情報を正確に認識できるので、鉄道車両がこれから進む線路のカーブ曲がりと曲がりに応じた減速を予測する事ができる。

　この予測情報を基に「アクティブ制御による台車横揺れ防止機能（台車の油圧アクチュエータを制御して横揺れ緩和機能）」に信号を送り、横揺れを緩和する、と共に「加加速度制御による加減速緩和機能」で必要な減速速度まで加加速度制御して人が影響受けない加速度以下に抑制する「乗り心地最適制御機能」を戦略Meta ProCellとして、鉄道車両ビジネスに展開できる。

3 製品戦略に戦略Keyセルを活かす機能セル設計

駆動システム分野における"戦略Key技術"による戦略機能展開事例

　駆動システムにおける"戦略KeyCell"機能について図表7-5にて"戦略Key技術"から戦略Keyセルを考える事例を説明する。

　大容量インバータシステムは鉄鋼圧延用等産業用システムに使用されるが、500kVA～20,000kVAと要求される範囲が広く、それぞれ、同じ容量のインバータ機能セルのセット数は少なく、例えば、4,500kVAを1セット、

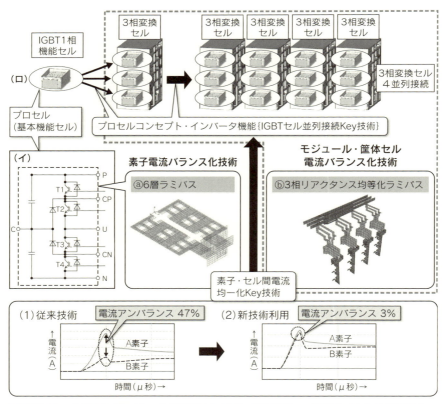

図表7-5　大容量インバータ機能における"戦略Key技術"による戦略Key機能展開事例

2,000kVAを2セットの圧延システムや7,500kVAを5セット、2,500kVAを2セットの圧延システムなどがある。このように要求される容量がバラバラでそれぞれのセット数が少ない。

これら市場の多様な容量ニーズへの対応として製品展開として考えられたのが図の示す「プロセルコンセプト・インバータ機能」戦略である。この戦略はプロセル（基本機能セル）を開発し、プロセルを要求ニーズに対応する数だけ最適に組合せるコンセプトである。

しかし、IGBTインバータ機能セルは使用するIGBT素子のスイッチイング速度が高速な為、IGBT素子やダイオード、コンデンサなどの部品間接続配線のインダクタンス、IGBTインバータ機能セルを多数接続する配線のインダクタンス値を均一にする技術が必要である。

従来技術で配線接続すると図の（1）に示すように2個の並列IGBT素子の電流アンバランスが47％も生じて、A素子電流がB素子の2倍となり破壊する原因となる。

それに対し、素子電流均一化Key技術であるⓐの「6層ラミバスKey技術」を利用することで、図（2）に示すように2個の並列IGBT素子の電流アンバランスを3％に抑制できる。

また、セル間電流均一化Key技術であるⓑの「3相リアクタンス均等化ラミバスKey技術」を利用することで、多並列「3相IGBT変換セル」の電流アンバランスを3％程度に抑制できる。

これら「6層ラミバスKey技術」「3相リアクタンス均等化ラミバスKey技術」を利用した「プロセルコンセプト・インバータ機能｛IGBTセル並列接続Key技術｝」により4種類のプロセル「IGBT1相機能セル」を創ることで、図（ロ）のように多並列接続により500kVAから20,000kVAの大容量インバータ機能セルに展開する事ができる。

すなわち、第1象限単機能的製品の「並列接続Key技術で創るプロセル」を第3象限擦り合わせ製品の大容量インバータ機能セルとするシステム化戦略により、顧客ニーズに擦り合わせシステム製品を低コストで完成できる。

4 戦略Keyセル化を活かした機能セル設計事例

　鉄鋼圧延用等の産業用設備では数千kW～1万数千kWの電動機の大容量駆動システム機能が必要となり、寸法・コストの大きい部分を占める主要要素機能「IGBT変換器機能セル」「電動機機能セル」「変圧器機能セル」はコスト低減・省スペースの観点より容量の最適化が要求される。その為、受注製品の駆動システムは容量で影響を受ける機能セルの容量最適化が必要となる。

　大容量駆動システム機能の主要素機能は**図表7-6**に示すように顧客の要求容量の影響を大きく受ける「電動機機能セル」「変圧器機能セル」「IGBT変換器機能セル」と容量に影響しない「駆動制御機能セル」で構成される。

　これら容量の影響を大きく受ける「機能セル」の内、「電動機機能セル」「変圧器機能セル」は容量を連続に替えられるので、設計資産の機能セルの容量パラメータ部を要求容量に設定することで機能設計できる。

　しかし、IGBT変換器機能セルの容量は"IGBT素子の容量が不連続"であ

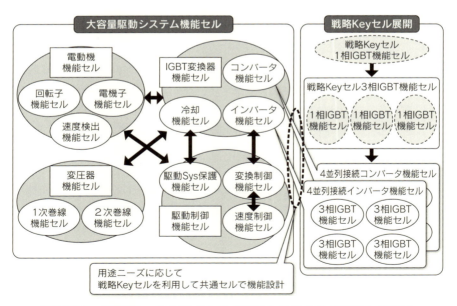

図表7-6　戦略Keyセル活かした「駆動システム」の機能セル設計

るので、要求容量に最適なIGBT素子を用いたIGBT変換器を設計する必要がある。

　要求容量に応じた最適なIGBT変換器機能セルは図に示す「戦略Keyセル展開」|戦略Keyセル1相IGBT機能セル➡戦略Keyセル3相IGBT機能セル➡要求容量に応じて多並列接続で変換器機能を構成|にて機能設計する。

　すなわち、設計財産の「共通セル」と「戦略Keyセル」を利用して顧客要求に合わせてパラメータ部を設定するだけで「顧客要求の大容量駆動システム」の機能設計を完了できる。

　このように、自社の「戦略Keyセル」とその他設計財産の機能セルを組合せることで、顧客要求と自社の強みを盛り込み、"顧客擦り合わせ"駆動システムを短期間、低コストで開発できる。

第7章のまとめ

(1) 日本の家電・半導体などの電機分野は、85年のプラザ合意とデジタル化による製品のコモディティ化で「アナログ性モノ創り」と「為替に起因する安い人件費」の強み二つを失った。

(2) 第2象限の製品群は顧客のアナログ的な要求を忠実に実現する日本の強みを発揮する製品ジャンルであり、かつ、自動車のハイブリッドを含む駆動エンジンや制御システムのエンジニアリング力等はアナログ要素が多く含まれているので日本の強み製品である。

(3) 市場環境の変化や技術の進歩によりモノ創りの強みである「アナログ要素を持つ技術」が汎用的なオープンな技術の組合せに移行する事を防ぐことが重要である。

(4) 他社が短期間で追随できない「アナログ要素的な機能を含むKey機能をもつ」第1象限の部品あるいは構成製品を創造し、そのKey部品を核に顧客のニーズに擦り合わせたシステム製品へ展開するモノ創りが「製品の魅力」「製品コスト」の両面で有効である。

(5) 「アナログ要素的なKey機能」もいずれコモディティ化される運命にあるので、弛まず新しい「アナログ要素的なKey機能」を創り続ける戦略が必要である。

(6) 「戦略MetaProCell」を活用して顧客の要求するシステムを構築することにより、他社が真似できない「独自性のシステム製品」に仕上げる事ができる。

(7) "顧客の困っているコト"｛例えば、朝夕電車は立ち状態で、発車時／停車時での前後揺れや線路曲がりでの左右揺れに困っている｝から戦略Keyセルを考えると、個性を持つ"新しいKeyセル"が創造できる。

(8) "戦略Key技術"から戦略Keyセルを考えると他社の追随を長い期間防止できる「第1象限の戦略Keyセル」を開発できて、その戦略Keyセルの第3象限のシステム製品化で顧客ニーズに擦り合わせた受注製品を短期間で開発できる。

あとがき

　本書の執筆に当り、本書の主題である「機能セルで設計する」を着想したきっかけから振り返ってみた。着想のきっかけは、約半世紀前の入社2年目に任された受注製品の開発設計であった。某繊維会社からの受注システム「百数十台の化学合成設備の温度制御システム」に、膨大な設計物量を1人で期間内に設計する為「単機能サイリスタスイッチユニットによる細胞組合せ」の設計方法を工夫したのが「機能セルで設計する」の序章であった。

　次に工夫が必要となったのは入社10年目に別の職場に転属が発表された時期であった。転属の1週間前に「設計時間が1か月以上必要な5種類の火力発電所補機制御用コントローラの設計」を直属上司より指示され、日程的窮地に追い込まれた。その時、以前に学んだ"生態系のしくみ"|生物の進化過程で幹細胞を結合し必要な機能器官（食道・胃・神経等）を創り、それらを集めて"個性を持つ動物"に成長するしくみ| を思い出し、このしくみの利用を考えた。

　そして、5種類のコントローラの仕様から構成機能を分解して、7種類の機能セルの組合せでできる事を突き止め、7種類の機能セル（機能・回路）を設計することで5種類のコントローラを1週間で設計する事ができた。「機能セルで設計する"新しいモノ創りの原型"の着想」による新しい設計方法に自信を持ったはじまりであった。

　その後、新しい制御システム、電動機駆動システム、FAシステム、小形コンピュータシステム、大型ディスプレーシステムなど、著者自身が日立製作所勤務時代に多くの製品開発のチャンスを与えられ、仲間と一緒に開発を進めた"世界初製品を15製品開発"を含む70を超える開発プロジェクトに「機能セルで設計する新しいモノ創り」の方法を応用してきた。

　また、勤務した工場で指導した「リードタイム1/5化改革」における「モノ創り改革・モノづくり改革」への展開や、高速鉄道他の電車車両やファスナー製造設備等の工場へ展開して、受注製品の設計リードタイムの短縮1/10～1/20ほか、IT化生産設計情報他による現場生産リードタイムの短縮1/10～1/45などの報告を受けている。

　本書が日本のモノ創り力の復活の一助になることを願い、かつて、世界中の若者を魅了してきた日本企業が「モノ創り力」を失い、情報家電等で米国企業の後塵を拝し、さらに以前に技術供与した東アジアの企業に「日本の製品開発

は遅いから…」と云われる屈辱を打破して行くことを期待している。

　執筆に当り、設計財産を活用した設計方法や設計期間を短縮する設計方法関連の本を探したが見当たらなかった。本書はモノ創りの魅力等の「表の競争力」、コスト競争力等「裏の競争力」、両輪を決定する「開発目標設計から生産設計までの設計情報」を創る設計工程に限定して記述した。

　本書が若い設計者の「転記作業が大半の設計業務からの解放」と企業の「設計リードタイムの大幅削減での収益の向上」により真のモノ創り設計である「創る喜びを感じる新製品の開発設計」への転換と「開発への熱情を持つ"若いプロジェクト人材"育成文化の復活」に役立ち、日本のモノ創り力復活の一助になることを願っている。

　最後に、執筆出版に至るまでにご指導ご支援頂いた沢山の方々に御礼申し上げます。

　特に執筆の初めから出版に至るまで終始ご助言を賜った古川一夫様（元国立研究開発法人新エネルギー・産業技術総合開発機構"NEDO"理事長、元日立製作所社長）に厚く御礼申し上げます。

　住川雅晴様（一般社団法人つくばグローバル・イノベーション推進機構理事長、元日立プラントテクノロジー会長、元日立製作所副社長）には日立製作所勤務時代から事業開発・製品開発等を通して物事の考え方を終始ご指導頂きました。

　東京大学ものづくり経営研究センター長の藤本隆宏様には「機能セルが進化機能を持つ」コンセプト等のご指導を頂きました。

　奥雅春様（(株)smart-FOA代表取締役社長、元ブリヂストン取締役常務執行役）には夢のFAシステムプロジェクト共同開発依頼開発のご支援を頂いた。

　新しいモノ創りをご指導・ご支援して頂いた日立製作所の諸先輩及び開発・モノ創り改革の仲間、並びにみか工場勤務時代に生産改革のご指導頂いた亀島久雄先生、田中正知先生に御礼申し上げます。

　また、本の執筆が初めての著者に出版ノウハウをはじめ、種々ご指導頂いた日刊工業新聞社の藤井浩氏に厚く御礼申し上げます。

2018年9月

梓澤　昇

参考文献

[1] 藤本隆宏署「日本のもの造り哲学」 日本経済新聞出版社
[2] 藤本隆宏署「開かれたものづくり論─組織能力とアーキテクチャーの視点から」 2008年11月日立製作所大みか工場での講演資料
[3] 藤本隆宏署「ものづくり経営哲学」 光文社新書
[4] 畑村洋太郎偏「実際の設計」機械設計の考え方と方法、日刊工業新聞社
[5] 畑村洋太郎著「技術の創造と設計」 岩波書店
[6] 畑村洋太郎著「創造学の進め」 講談社
[7] 奥雅春著「現場ナマ情報のグローバル共有戦略」価値があるビックデータを創る「FOA」 日経BP社
[8] 大野治著「IOTで激減する日本型製造業ビジネスモデル」 日刊工業新聞社
[9] 三品和弘著「センサーネット構想」 東洋経済新報社
[10] 志村幸雄講演「日本の半導体開発65年」 半導体産業人協会 会報No.81（'13年10月）
[11] 湯之上 隆著「日本型モノづくりの敗北」 文春新書
[12] 大西正幸著「洗濯機技術発展の系統化調査」 国立科学博物館技術の系統化調査報告 第16集
[13] 谷合稔著「地球・生命─138億年の進化」 サイエンス・アイ新書
[14] 丸山茂徳・磯崎行雄共著「生命と地球の歴史」 岩波書店
[15] 井上勲著「単細胞生物から多細胞生物への進化」 蛋白質核酸酵素Vol.46, No.10
[16] 西井一郎著「ボルボックスの多細胞体制と細胞分化」 蛋白質核酸酵素Vol.49, No.9
[17] 藤田史郎・飛岡健共著「生命体経営学」 河出書房新社

著者略歴

梓澤　昇（あずさわ　のぼる）

1947年埼玉県生まれ
1969年3月群馬大学電気工学科卒業、
'69年4月日立製作所入社、同社大みか工場設計部門に配属
'69～83年　電動機の可変速制御システムの開発に従事
'84～92年　電力・鉄鋼ほか産業用制御システムの開発に従事（主任技師）
'92～97年　大容量インバータドライブシステムの開発に従事（副技師長）
　　　　　　｛ドライブシステムの開発に併せて、工場全体の開発プラン指導｝
　　　　　　｛'69～97年の間、世界初の製品開発を15製品ほか50以上の新製品の開発に従事｝
'98～00年　大みか工場の開発・技術総責任者｛工場全体の製品開発及び工場全体の設計改革、生産改革を指導｝
'00～06年　情報制御システム事業部（旧大みか工場）副事業部長｛工場全制御事業の経営、製品開発・設計／生産改革（LT1/5化）指導｝
'03～06年　兼情報制御システム事業部大みか事業所長兼海外合弁会社3社設立・経営兼MH製鉄機械他社外取締役
'06～10年　同社電機グループ技師長兼CTO兼インバータ推進センター長、兼電力グループ新エネルギー推進本部員他｛電機グループの事業開発及び管掌（制御,鉄道）工場の製品開発・設計／生産改革の指導｝
'11年3月日立製作所退社
'11年4月～　（株）AZUSA PROCELL ｛http://www.azusa.co.jp｝を設立
　　　　　　｛国内外企業の製品開発、設計改革、生産改革関係のコンサルティング業務｝
　　　　　　中国の風力用PCS開発をセルコンセプトで指導し、中国でのシェア20％を達成。

機能セル設計
"魅力あるモノ"の開発設計を10倍効率化

NDC 501.8

2018年9月25日　初版1刷発行

（定価はカバーに表示してあります）

ⓒ	著　者	梓澤　昇
	発行者	井水　治博
	発行所	日刊工業新聞社
		〒103-8548　東京都中央区日本橋小網町14-1
	電　話	書籍編集部　03（5644）7490
		販売・管理部　03（5644）7410
	ＦＡＸ	03（5644）7400
	振替口座	00190-2-186076
	ＵＲＬ	http://pub.nikkan.co.jp/
	e-mail	info@media.nikkan.co.jp
	印刷・製本	新日本印刷㈱

落丁・乱丁本はお取り替えいたします。
2018 Printed in Japan
ISBN 978-4-526-07878-1

本書の無断複写は、著作権法上の例外を除き、禁じられています。

日刊工業新聞社の売行良好書

今日からモノ知りシリーズ
トコトンやさしいアミノ酸の本
味の素株式会社　編著
A5判　160ページ　定価：本体1,500円+税

今日からモノ知りシリーズ
トコトンやさしい高分子の本
扇澤敏明、柿本雅明、鞠谷雄士、塩谷正俊　著
A5判　160ページ　定価：本体1,500円+税

今日からモノ知りシリーズ
トコトンやさしい発酵の本 第2版
協和発酵バイオ株式会社　編
A5判　160ページ　定価：本体1,500円+税

おもしろサイエンス
血圧の科学
毛利　博　著
A5判　144ページ　定価：本体1,600円+税

おもしろサイエンス
繊維の科学
日本繊維技術士センター　編
A5判　160ページ　定価：本体1,600円+税

「酸素が見える！」楽しい理科授業
酸素センサ活用教本
髙橋三男　著
A5判　160ページ　定価：本体1,800円+税

大人が読みたいエジソンの話
発明王にはネタ本があった!?
石川憲二　著
四六判　144ページ　定価：本体1,200円+税

日刊工業新聞社出版局販売・管理部
〒103-8548　東京都中央区日本橋小網町14-1
☎03-5644-7410　FAX 03-5644-7400

● 日刊工業新聞社の好評書籍 ●

トヨタ式A3プロセスで製品開発
A3用紙1枚で手戻りなくヒット商品を生み出す

稲垣公夫、成沢俊子 著
定価（本体2,200円+税）　ISBN978-4-526-07462-2

高品質・短納期・低コストというモノづくりの底力は、売れる製品を生んで初めて効果が発揮されることになる。売れないモノをいくら効率良くつくっても意味がなく、売れるモノを確実に、しかも手戻りなく開発する「仕組み」が渇望されている。A3用紙1枚で問題の本質にたどり着くトヨタの管理メソッドを用い、製品開発に適用する仕事の進め方を軽快に綴る。

インダストリアル・ビッグデータ
第4次産業革命に向けた製造業の挑戦

ジェイ・リー 著
定価（本体1,800円+税）　ISBN978-4-526-07553-7

インダストリー4.0を実現する上で欠かせないインダストリアル・ビッグデータの活用と、ビジネスモデルのイノベーション設計分野におけるアイデア展開の方策を、著者が長年導入支援してきた設備・機器の分析・予知技術を軸に、体系的に記述した本邦初の本。インダストリアル・ビッグデータを活用して、製品やサービスの価値を変革していくための新たな視点と具体化策を授ける。

誰も教えてくれない「工場の損益管理」の疑問
そのカイゼン活動で儲けが出ていますか？

本間峰一 著
定価（本体1,800円+税）　ISBN978-4-526-07549-0

工場が改善活動や原価管理をいくら徹底しても会社全体としては儲からず、給与が増えないのはなぜか。棚卸や配賦、償却など工場関係者が日常ほとんど使わない会計の最低限の知識を噛み砕いて伝え、企業トータルで儲けが出る工場の損益管理の方法を指南する。経理部門とのやりとりをはじめ、製造直接/間接部門の管理職が身につけておきたい損益管理の疑問に答える。

わかる！使える！【入門シリーズ】

日刊工業新聞社

◆ "段取り" にもフォーカスした実務に役立つ入門書。
◆ 「基礎知識」「準備・段取り」「実作業・加工」の "これだけは知っておきたい知識" を体系的に解説。

わかる！使える！マシニングセンタ入門
〈基礎知識〉〈段取り〉〈実作業〉

澤　武一　著
定価（本体 1800 円＋税）

第1章　これだけは知っておきたい　構造・仕組み・装備
第2章　これだけは知っておきたい　段取りの基礎知識
第3章　これだけは知っておきたい　実作業と加工時のポイント

わかる！使える！溶接入門
〈基礎知識〉〈段取り〉〈実作業〉

安田　克彦　著
定価（本体 1800 円＋税）

第1章　「溶接」基礎のきそ
第2章　溶接の作業前準備と段取り
第3章　各溶接法で溶接してみる

わかる！使える！プレス加工入門
〈基礎知識〉〈段取り〉〈実作業〉

吉田　弘美・山口　文雄　著
定価（本体 1800 円＋税）

第1章　基本のキ！　プレス加工とプレス作業
第2章　製品に価値を転写する　プレス金型の要所
第3章　生産効率に影響する　プレス機械と周辺機器

わかる！使える！接着入門
〈基礎知識〉〈段取り〉〈実作業〉

原賀　康介　著
定価（本体 1800 円＋税）

第1章　これだけは知っておきたい　接着の基礎知識
第2章　準備と段取りの要点
第3章　実務作業・加工のポイント

お求めは書店、または日刊工業新聞社出版局販売・管理部までお申し込みください。

日刊工業新聞社　〒103-8548 東京都中央区日本橋小網町14-1　TEL 03-5644-7410
http://pub.nikkan.co.jp/　FAX 03-5644-7400